高楼是怎么建成的

尾岛俊雄
[日] 小林昌一 著
小林绅也

康宏 译

超高层建筑在我们的生活中随处可见，特别是最近10年，超高层建筑层出不穷，很多超高层建筑成为一座城市的象征。为什么要建造超高层建筑呢？超高层建筑有哪些设计方法？那么高的大楼，需要怎么施工？在超高层建筑中，为了保证人们的工作和生活，需要哪些必备的设备？超高层建筑舒适吗？安全吗？关于这些超高层建筑，你肯定有各种各样的疑问。打开本书，这些问题都能找到答案。书中还对一些超高层建筑的小知识进行了介绍，可以进一步解答你关于超高层建筑的其他疑问。

本书适合对建筑感兴趣的读者阅读，也适合建筑类行业的初学者阅读。

图书在版编目（CIP）数据

高楼是怎么建成的 /（日）尾岛俊雄，（日）小林昌一，（日）小林绅也著；康宏译. —北京：机械工业出版社，2024.3

ISBN 978-7-111-75231-8

Ⅰ. ①高… Ⅱ. ①尾… ②小… ③小… ④康… Ⅲ. ①超高层建筑－基本知识 Ⅳ. ①TU97

中国国家版本馆CIP数据核字（2024）第049422号

机械工业出版社（北京市百万庄大街22号 邮政编码100037）
策划编辑：黄丽梅 责任编辑：黄丽梅 蔡 浩
责任校对：郑 雪 张 薇 责任印制：张 博
北京华联印刷有限公司印刷
2024年5月第1版第1次印刷
130mm × 184mm · 6.625印张 · 146千字
标准书号：ISBN 978-7-111-75231-8
定价：49.00元

电话服务
客服电话：010-88361066
010-88379833
010-68326294

网络服务
机 工 官 网：www. cmpbook. com
机 工 官 博：weibo. com/cmp1952
金 书 网：www. golden-book. com
机工教育服务网：www. cmpedu. com

前　言

1945年8月，日本战败。大多数日本的城市因战火变成废墟，人们只能露天生活和学习。当时，我树立了一个远大的理想：成为一名建筑师，建造优秀的房屋和学校。怀揣这个理想，我进入了大学学习建筑学。大学里第一门课的任课老师，是当时正在设计东京塔的内藤多仲教授。他语重心长地给我们讲述了他的理想，是要建造一座超越巴黎埃菲尔铁塔的世界第一高塔。听到老师充满雄心壮志的话，同学们对日本的未来充满了无限憧憬。

在我大学毕业之际，正值东京奥运会和万国博览会热火朝天地举行，日本各地开始了大规模的战后城市复建，土地价格高涨，因此，在日本也开始研究如何建造超高层建筑。当时制订的计划是在建造新干线的同时，将东京站建成超高层建筑。1965年7月，我赴美开展关于超高层建筑的调查。在美国，我站在纽约、芝加哥的街道上，穿梭于被称为摩天大楼的建筑群中间，感觉就好像置身于日本著名的旅游城市日光一样，那些摩天大楼就像日光街道两旁的杉树那样，令人心情愉悦，身体里充满了不可思议的活力。当时我就想：我一定要在日本建造比这还要高的超高层建筑。但是当时的日本与美国相比，不仅物资匮乏，地基也薄弱，还有大地震、强台风等自然灾害，建造超高层建筑难上加难。因此，我萌生了新的想法：如果不发奋学习，日本的城市建设就不可能超越美国。想到这，我决心留在大学继续深造。

让我感到无比幸运的是，我的研究室位于早稻田大学理工学部 51 号馆，那里是日本首幢摩天大楼霞关大厦建成之前日本最高的建筑，高达 80m。而我的研究室就在这个超高层建筑的最顶层——18 楼。拜这个 18 楼高度所赐，我可以一边亲身体验因地震导致的高层建筑的摇晃，感受因电梯故障引起的不便，一边成为阳光 60 大厦的设计顾问。阳光 60 大厦计划建于池袋，是继霞关大厦之后的超高层建筑。在这个项目里，我有幸与负责设计的村野藤吾先生，以及曾经建造了霞关大厦、负责大楼结构部分的武藤清先生一起共事。

超高层建筑的建造应用了先进的计算机技术进行模拟实验，因此就连专家也很难了解项目的全貌。更何况阳光 60 大厦里不仅有宾馆、住宅、办公场所、商店，还有水族馆和大厅，是一个巨大的综合体建筑。我为了让更多的人了解当初设计这座大厦时采用的运行管理方法、灾害对策等细节，在 1992 年写了一本以阳光 60 大厦为素材的书，名字叫作《超高层建筑与未来城市》（白杨社）。那时距当初设计这幢大厦已经过去了 15 年。

在 1995 年 1 月的阪神大地震中，超高层建筑几乎毫发无损。因此，我冒出了新的想法：由超高层建筑实现的城市立体化是否可以挽救东京这样人口过密的巨大城市？尤其是能否有效解决亚洲各国城市人口不断增加的问题？基于以上想法，我于 1997 年写了《建造千米大厦》

（讲谈社）一书。

未来，在欧美各国的成熟社会中必然会对超高层建筑失去兴趣，而与之相反，亚洲、中东各国却必定会热衷于建造超高层建筑。日本的建筑行业为了获取市场份额，从20世纪90年代初就开始大力发展产官学技术开发，促进实现建造千米大厦这一想法。在亚洲各地，日本企业参与建造了许多超高层建筑。2009年2月，我参观了世界第一高塔，在阿拉伯联合酋长国的沙漠城市迪拜建起的高达828m的哈利法塔，逼近1000m高度。当时，最令我惊讶的是大家对如此高的塔并不感到惊奇。如今的时代，人们对千米大厦已经司空见惯，它们只是一个作为城市景观必要还是不必要、是否能够促进经济发展的选项而已。

2012年，高634m的东京晴空塔竣工并启用，远超高度333m的东京塔。晴空塔成为世界第一高自立式电波塔，它的建成给因长期经济不景气而丧失信心的日本民众打了一剂强心针，让日本民众重新建立起梦想和希望。在这个时候，我收到了编辑部石井显一先生编写本书的邀请。因为是与大学时代曾一起爬山的同年级好友小林绅也先生（原日建设计技师长）和小林昌一先生（原竹中工务店技术研究所所长）一起编写，我想一定可以交出一份满意的答卷。本书在编写过程中得到了相关各公司的鼎力协助，为我们提供了宝贵的资料和照片，并协助我们进行采访。我想本书将会满足广大年轻读者旺盛的求知欲和好奇心。在此向相关人士表示由衷的感谢！

尾岛俊雄

2010年4月

目录

139
1058
3094

第1章

人类为什么要建造超高层建筑？

纽约、芝加哥、香港、台北、迪拜、东京，世界上大多数的大城市都超高层建筑林立。

那么，人类为什么要建造这些高耸入云的建筑物呢？

让我从超高层建筑的历史、建造的意义以及未来超高层建筑的蓝图等方面给大家解答一下吧。

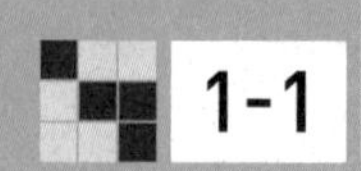

1-1 人类对高度的向往
——高处的景色曾经只属于少数人

人类为什么要建造超高层建筑呢?

首先是源于对高度的向往。我们爬上山顶或楼顶等高处才可以将雄伟壮丽的景色尽收眼底，从高处极目远眺会令人心旷神怡。

人们一直保持着对登高一事的向往。建于巴比伦城而后坍塌的巴别塔，也让人类明白了自己力量的极限。

古埃及的国王（法老）们为了在自己死后能够尽可能地接近永恒之神——太阳而建造了巨大的金字塔（照片 1）。胡夫金字塔高 147m，总重量约五六百万吨。由日均约 10 万人持续工作 20 年建造而成。

古埃及还有一种名为方尖碑的高大石塔也很高（照片 2 为巴黎方尖碑），现存最高的方尖碑高 32m。方尖碑蕴含了古代人“升上天堂”“穿越天堂”“融入天堂”的思想，碑文寄托着当时的人们对未来的向往。对古人来说，登高是想尽量接近天神的世界，也是一种憧憬。

那么，日本如何呢?距今约 2000 年前建造的供奉大国主神的神殿叫作出云大社，高度为 48m。出云大社的神殿被称为日本神社建筑中最古老的“大社造”的原型，说明古代的日本人也曾对高处充满了向往。另外，现存最古老的法隆寺五重塔（照片 3），高度为 34m。京都东寺的五重塔高度为 55m。东大寺的大佛殿，是世界上最大的木结构建筑，高达 47.5m。建造这些塔

▲ 照片 1 金字塔

三大金字塔：孟卡拉金字塔、卡夫拉金字塔、胡夫金字塔。

◄ 照片 2

巴黎方尖碑

位于协和广场中心的方尖碑，是从古埃及卢克索神殿搬运至此的。

的目的，是为了使其成为供奉佛像的地标，人们从远处就能够眺望，可以膜拜。因此这些塔无一例外都建得又高大又华美。

在日本的战国时代，织田信长将当时人们崇拜信仰的寺庙和五重塔等付之一炬，将其烧光殆尽。他在自己的都城（安土城）的正中心建造了夸耀自己平定天下的天守阁。得知此事的其他大名主们纷纷效仿织田信长，也在自己领地中的最高处建起了天守阁，以示自己"天下最伟大"。其中丰臣秀吉建造的大阪城天守阁，是其中最大、最气派的。但是到了江户时代，天守阁已经沦落到仅仅是一个装饰品的境地。而且因为天守阁不抗震，且易被雷击，一旦发生火灾，灭火很难，因此天守阁的数量逐渐减少了。

到明治维新时期，人们在浅草建造了被誉为砖瓦结构代表建筑的十二楼（凌云阁）。但在当时被称为钢筋混凝土的新建筑材料已经开始使用。1912 年，在大阪天王寺公园内建造了高约 75m 的高塔。该塔使用了"铁骨造"这一新技术，效仿法国巴黎的埃菲尔铁塔，被称为通天阁（照片 4）。

通过在城市中心建造这些塔，一般的民众也可以登上五重塔、天守阁这样的高处，极大满足了人们对高处的渴望和向往。

◀ 照片 3

法隆寺五重塔

建于奈良的法隆寺五重塔，作为最古老的五重塔而闻名，高度为 34m。

▶ 照片 4

大阪通天阁

现在的通天阁建于 1956 年，是钢筋混凝土结构，高度为 100m，宽度为 24m。

照片提供：吉田友和

1-2 了解超高层建筑的历史
——你追我赶的高度

美国及欧洲超高层建筑的历史

世界上第一座超高层建筑出现在美国芝加哥，在那之前芝加哥的建筑通常只有 5~10 层。但是，使用“电动式升降梯”“水压式升降梯”后可以把人或物运送到 20~30 层的高度，这种高楼大厦的出现震惊了全世界。这个时期被称为“芝加哥学派高层建筑时代”。

此后，美国的工业中心由芝加哥向纽约转移。工业主力为汽车、造船、飞机等，以军需工业为背景迅猛发展。人们从世界各地向纽约聚集。

在整体都是岩石地基的曼哈顿岛上，像芝加哥那样的超高层建筑不断出现。美国用当时最新的工业能力制造出了断面为 H 形的 H 型钢，它具有抗弯能力强等优点。使用 H 型钢可以建造出 40~50 层高的超高层建筑。

另外，电梯的速度和安全性能也以令人吃惊的速度提高。1930 年，作为克莱斯勒汽车总部的克莱斯勒大厦建成，该大厦地上高达 283m，共 77 层（照片 1）。

然而，就在全世界对 77 层大厦吃惊的时候，在距离克莱斯勒大厦仅有 300m 的地方，一座 102 层高的大楼正在稳步建设。一年后建成的这座大厦，在此后 40 多年直到 1972 年为止，一直保持着超高层建筑高度的世界纪录，它就是帝国大厦（照片 2）。帝国大厦一共有 102 层，其高度比埃菲尔铁塔还要高约 60m，足

◄ 照片 1

克莱斯勒大厦

作为克莱斯勒汽车总部的克莱斯勒大厦于 1930 年建成，该大厦地上高达 283m，共 77 层。

► 照片 2

帝国大厦

帝国大厦作为“金刚曾经爬过的”大楼而广为人知，它曾一度是纽约的第一高楼。

有 381m。当时，纽约的超高层建筑已经被称为摩天大楼，被看作是美国财富的象征。

1952 年，由巴西建筑师奥斯卡 · 尼迈耶等设计的超高层建筑联合国总部大楼落成，它拥有美轮美奂的幕墙。由美国建筑师戈登 · 邦夏设计的利华大厦采用了超轻铝材和玻璃幕墙。这两幢大厦被看作是明亮与和平的象征。

在欧洲也诞生了第一座超高层建筑。在德国杜塞尔多夫建成的塞森阿德姆大楼有 25 层。在意大利米兰建成的倍耐力摩天大厦有 31 层。同一时期，在美国已经陆续开始建造超高层住宅和足有 73 层的宾馆等超高层建筑了。

终于，打破帝国大厦 102 层高度纪录的日子到来了。1972 年，由日裔美籍建筑师山崎实设计的世界贸易中心大厦（照片 3），以 110 层 417m 的高度超越了同样位于纽约的帝国大厦。以 36m 的高度差成为新纪录保持者。在两年后的 1974 年，世界贸易中心大厦又被芝加哥的威利斯大厦（原西尔斯大厦）（照片 4）以 25m 的高度差超越了，芝加哥再一次夺回了世界第一高楼的荣誉。

2001 年 9 月 11 日，美国同时发生多起恐怖事件，世界贸易中心大厦在这次恐怖袭击中被摧毁。至此，美国的超高层建筑时代宣告结束。

日本超高层建筑的历史

明治维新使日本的城市中心一下子从日本风变成了西洋风。关东大地震之后，日本政府限定建筑物的高度最高为 31m。

◀ 照片 3

世界贸易中心大厦

曾经是纽约最高楼。于 2001 年 9 月 11 日在美国同时发生的多起恐怖事件中被摧毁。

▶ 照片 4

威利斯大厦

位于美国芝加哥，原名西尔斯大厦，2009 年 7 月更名，曾是美国最高的超高层建筑。

因此，在日本东京开始大规模建造高度低于31m的抗震建筑。1945年，第二次世界大战导致东京整个城市再一次被破坏殆尽，甚至连华丽的东京站大楼也被烧成废墟。在这次战争中，整个日本几乎所有城市中的大多数建筑物都被燃烧殆尽。超过2000万人失去家园，流离失所。战败后确定1964年在日本召开东京奥运会后，日本才真正意义上开始了大规模的房屋建设。在修建奥运会各种场馆、顺利推进东海道新干线建设的前提下，日本提出了建设24层东京站的计划，并开始对美国的超高层建筑展开调查和研究。

调查结果显示：如果采用钢筋混凝土的刚性结构，在日本只能建造最高15层的建筑。如果考虑柔性结构，采用纯钢材料建造，有可能建到24层。只是考虑到此后的美观问题和保护历史性建筑物等原因，该计划最终不得不放弃。

但是，这一时期进行的研究使在地震多发的日本采用柔性结构建造超高层建筑这一构想得到了证实。于是，日本建筑学会正式向日本建筑省提交申请，要求取消建筑物31m的高度限制，以容积限制规定（相对于土地面积限制建筑物的总占地面积）取而代之。这是1963年发生的事情。

第二年，东海道新干线开通，东京奥运会召开。建筑基准法也得到了修订，日本终于在法律上认可了建造超高层建筑。

日本借着东京奥运会的东风，1961年开始在市中心建造高31m、共9层的霞关大厦。但是，与其占据所有地面面积建造一栋9层高的大厦，还不如将建筑物的一部分建成为36层的超高层建筑。这样既可以在建筑用地内部产生空地，也可以让建筑物的内部变得更加明亮。考虑到如上诸多优势，最终将霞关大厦建成了一座超高层建筑。1968 年，日本第一座超高层建筑诞生（照片 5）。

▲ 照片 5 霞关大厦

霞光大厦地上 36 层、地下 3 层，高度为 147m。

照片提供：BLUE STYLE COM　http://www.blue-style.com/

1-3 为什么要建造超高层建筑?
——最大限度利用有限土地的方法

日本的地价高，有的地方甚至高达 $1m^2$ 约 4000 万日元。地价如此高昂，土地的利用率却极低，建在东京市区内的建筑物平均只有 2.5 层。在地价比东京便宜得多的纽约，平均楼高 15 层；在巴黎，平均楼高 6 层（图 1）。

东京被公认是一座公园、广场、道路数量都很少的城市。如果将现在平均 2.5 层的建筑都换成跟纽约一样平均 15 层的建筑，便可只使用 1/6 的用地面积，剩余 5/6 的土地。如果利用这些土地修建广场、道路等公共设施的话，那么东京一定会变得更加宜居。不像纽约的曼哈顿只有超高层建筑林立，未来的东京市区将被绿地公园环绕。即使只把东京变成与巴黎相同，建筑平均 6 层也可以，那样东京也将出现半数以上的空地。

以目前东京的总建筑面积（建筑物各层面积总和）建造超高层建筑，东京将会出现被大型广场、公园所围绕的田园都市的景象，但是，如此辉煌的城市规划愿景为什么得不到实现呢？因为现实中这些昂贵的土地集中在少数人的手里，而这些人中没有谁想放手。

如果 $100m^2$ 的土地前面的道路宽度为 4m 的话，考虑到日照和通风的要求，只能修建连树都种不下的庭院和低层建筑物。假设地价 $1m^2$ 是 500 万日元的话，$100m^2$ 就是 5 亿日元。这块土地的容积率（地块内总建筑面积与地块面积的比值）为 2 的话，该建筑的总建筑面积为 $200m^2$。在这样的条件下，如果假设建

▲ 图 1　各城市建筑高层化模型

与纽约、巴黎相比，东京的高层化仍未实现。

筑物的建筑单价为 $1m^2$20 万日元，则整个建筑物的价格为 4000 万日元，因此，建筑物与土地的价格比为 4000 万日元比 5 亿日元，也就是 1 比 12.5，楼价仅仅是地价的 8%（图 2）。如果是高级住宅用地，楼价也在地价的 10% 以下。如果有旧建筑物，未建建筑物的空地的价格会更高，将建筑物拆除会使地价相应降低。

在银座、新宿等商业用地或丸内、大手町等商务核心地带，因为土地规划容积率较大，因此可以建设高层写字楼。这时，假设地价为 $1m^2$3000 万日元，建造 10 层大楼的建设费为 $1m^2$30 万日元，那么 $1m^2$ 建筑物成本为 300 万日元。因此，楼价仅为地价的 10%。

像日本这样地价如此昂贵的国家，世界上独一无二。其他任何国家的地价与楼价相比都是楼价相对高一些。日本的地价高于楼价的原因是，根据建筑基准法和都市规划法，在日本只允许建造建筑面积最大为土地面积的 10 倍、平均为 2 倍的建筑物，因此无法满足人们想要居住到市中心的需求。

工业生产率的提高使钢铁、玻璃、铝材等原材料的价格越来越低。同样，工业化的进步也使汽车、住宅等的价格不再增长。但是，只有土地是无法增加产量的。虽然可以通过填海、开山等方法扩充土地，但这样的土地只是极少量的，建造超高层建筑是解决土地问题的方法之一。

▲ 图 2 地价与楼价的不正常关系

从全世界范围来看，地价比楼价还高是不正常的。

1-4 超高层建筑的极限高度是多少？
——人类甚至在策划建造高 4000m 的城市建筑！

未来人类到底会建造多高的建筑物呢？木质结构建筑的话，极限是 50~60m。砖瓦岩石结构建筑的话，可达到 100m。使用钢筋混凝土的话，300m 就是极限。纯钢结构建筑的极限是由美国建筑师弗兰克·劳埃德·赖特设计的伊利诺伊大厦，高 1600m（计划方案）。虽说如此，如果建造过高的大楼却没有具体的使用目的和用途的话，谁也不会去建造的。现在，从经济因素考虑，或者从人们能够合理利用空间等因素来考虑，超高层建筑的空间最好为 500m × 200m × 100m 左右。这个建筑面积是位于东京池袋的阳光城总建筑面积的 5~6 倍。

但是，日本的建筑公司正在挑战建造高 1000m、可以让超过 30 万人居住的巨型建筑，与其说是建筑，不如说是城市。鹿岛建设的动力智能大夏（DIB–200）是一座 200 层的建筑。竹中工务店的天空之城 1000 将成为地上高达 1000m 的巨大纵向型城市，其内部可容纳约 13 万人居住或工作（照片 1、2）。

大林组公司设计了 Aeropolis2001，清水建设公司设计了 TRY2004，它们的目标都是建造更高的建筑物。这两个项目都被认为在城市中心建造是不可能的，因此，这两家公司希望在海上寻找立足之地，那样不会对社会产生影响。它们希望仅依靠建筑技术能力来实现自己的宏伟蓝图。

Aeropolis2001 高达 2001m，共 500 层，比 8 座 60 层的东京池袋阳光 60 大厦（239.7m）叠起来还要高，相关人士认为，以

◀ 照片 1

天空之城 1000

1989 年，竹中工务店发布的纵向型城市构想。高度为 1000m，总建筑面积达 800 万 m^2。

照片提供：竹中工务店

▲ 照片 2　天空之城 1000 的内部

住宅、办公楼、商业设施、学校、剧场等有机分布，可居住约 35000 人，可为约 10 万人提供就业岗位。

现在的科学技术是完全可以建造成功的。另外，大成建设集团的“X-SEED 4000”是高度为4000m的项目，比富士山还高，充分体现了日本人追求超越自然的志向。

在银座尾岛俊雄研究室里描绘了高10000m，将东京首都圈的所有人全部容纳到一个建筑物中的场景。这座终极超高层建筑，因为高度为10000m，所以被命名为临界建筑（照片3）。这是一个将东京首都圈全部人口（3000万人）容纳到一起的纵向型城市。利用万米高度，在没有云和大气的高空直接吸收太阳能，实现信息通信、宇宙交通等，称得上是东京首都圈的终极蓝图。

该建筑接近地面的部分尽量自然开放，从10m到300m左右建造住宅，再往上是宾馆和办公楼，1000m以上是研究所和无人工厂。这个项目当然会遭到不喜欢超高层建筑的人或者把自然看得比什么都重要的环保主义者的反对。但是创造一个与自然共存的立体化城市，远比当今的城市无序扩张更能保护人类和地球环境吧。

另外，这也可能成为一个人为解决地价高涨的方法。当亚洲的现代化无法摆脱巨型城市的时候，关于超高层建筑的研究将会成为日本建筑界最重要的课题。

建造这座高10000m、容纳3000万人的纵向型城市，按目前情况预计将在2080年，即21世纪后期启动。100年后，人类将在宇宙范围内，寻求实现信息通信和宇宙交通的可能性，建造终极东京首都圈的理想也许真的会实现。高达10000m的建筑，以耸入平流层的高度寻求建筑高度的极限，在紧贴地球表面的生物圈中，从依赖自然资源型的无序扩张城市中逃离出来，可以预见到那时人们将过上神仙般的生活。

▲ **照片 3** 临界建筑

可容纳 3000 万人的纵向型城市。利用万米高度，在没有云和大气的高空直接吸收太阳能。实现信息通信、宇宙交通等，称得上是东京首都圈的终极蓝图。

照片提供：银座尾岛俊雄研究室

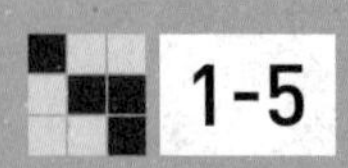

1-5 通过建造超高层建筑实现土地的有效利用
——垂直城市增加地面空间

在东京这样人口密度比较高的地方，与其在窄小的土地上大家各自建造体量小的建筑物，还不如将小面积的地块集中到一起，整合成一个大的地块，在上面建造超高层建筑，这样能够更有效地利用土地。但是，如果大家都把目前为止建在自己土地上的建筑物拆毁，随便改建成超高层建筑的话，那么水、电、通信等设施都将会出现不足的情况。而且无序建造，还会出现交通、通风和日照等问题。

在这类问题出现之前，即建造建筑物时就要采取控制容积的措施。即使建造再高的楼，将建筑物总建筑面积控制在与之前建筑物的总建筑面积相同，就可以解决上述问题。将原来土地上大量的低矮建筑物重建成高耸、时尚的高层建筑，这样地面上就会出现空地，日照、通风也会变好。居住人数不变，电、燃气和水的使用量与之前相比也没有增加，这种考量是在城市整体规划的基础上进行的。

原本建造超高层建筑的目的之一就是有效利用有限的土地。如果在面积狭小的土地上建造高楼大厦的话，光是电梯、楼梯就会将面积占满，没有余地了。因此，要将若干个小地块集中起来，变成大地块，在大地块上建造超高层建筑（见下页图）。这样就可以在余下的空地上完善交通、上下水道、能源、通信等各种各样的设施，也可以建造城市中心紧缺的广场、道路等公共设施。

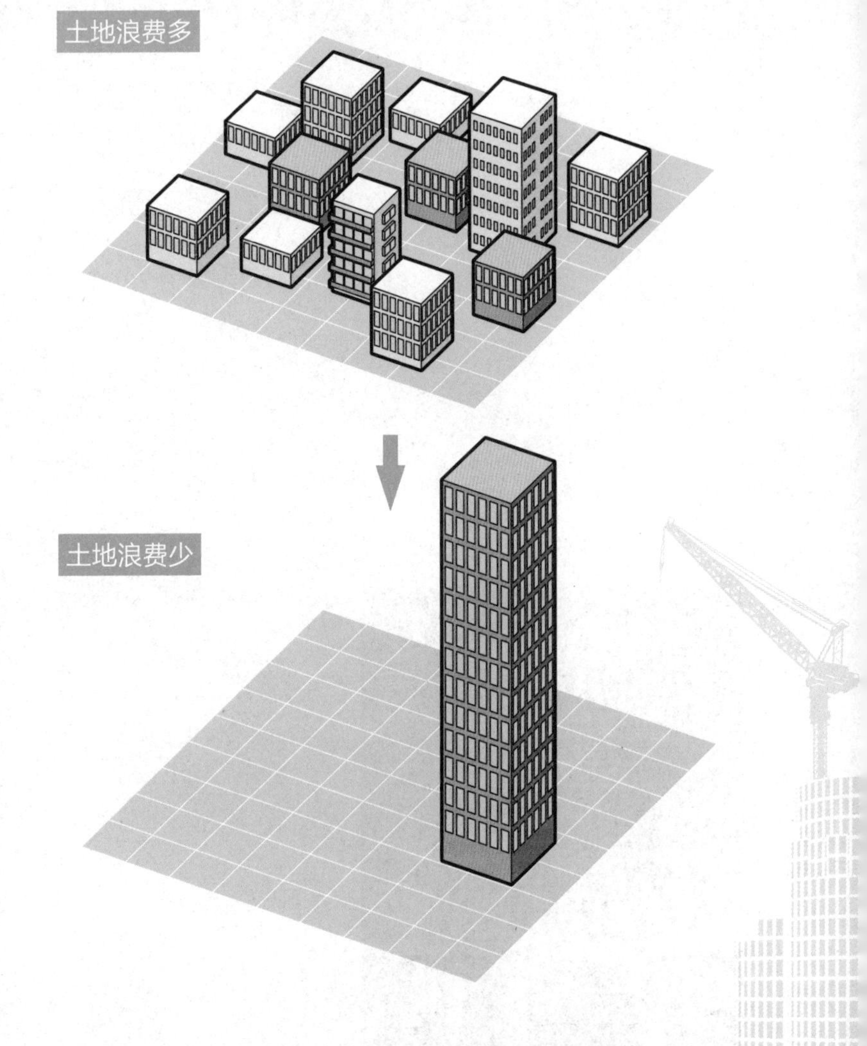

▲ 图　建造超高层建筑的目的是什么?

把若干小地块集中在一起变成大地块建造超高层建筑，地面就会出现空地。

第2章

超高层建筑的设计方法

超高层建筑不仅要求具备安全性、经济性和功能性，还要求环保。

另外，虽然都叫作超高层建筑，但是其结构、材料各不相同。

本章中将重点讲述一下建筑师们是如何设计超高层建筑的。

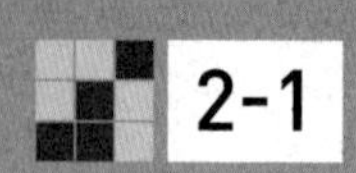

2-1 设计之初考虑的事情 1 ——安全性、经济性和功能性（居住性）

设计建筑物的时候，首先必须要考虑的是建筑物的性能。建筑物的性能主要包括安全性、经济性和功能性（居住性）（见下图）。根据建筑的特点、建筑师的个性，每个建筑物的性能侧重点多少会有所不同，但是大致可分为上述三种。下面我们就按顺序来具体看一下。

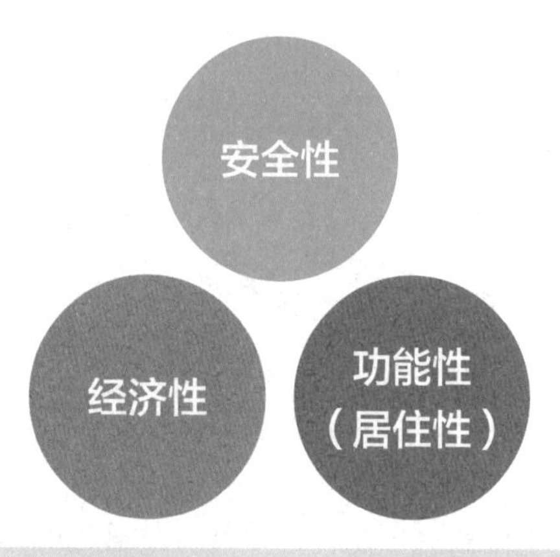

▲ 图　建筑物的性能

一幢好的超高层建筑，必须要兼具安全性、经济性和功能性（居住性）。

1 安全性

建筑物的安全性，在三种性能中最为重要。楼板、房梁是否弯曲？是否会落下？火灾的时候，逃生通道是否充足？即使发生地震、台风，建筑物也不会倒吗（见下页照片）？建筑物的安

▲ **照片**　地震灾害

在以日本为代表的地震多发国家中，应对地震的措施不可或缺。照片是阪神大地震时的场景。一整层楼被摧毁。

照片提供：阪神大震灾持续记录委员会

全性包括多方面内容。在日本，这些内容有相关法律规定，所以建造建筑物的时候必须要保证建筑物的安全性。但是，建筑物的安全性根据建筑物的重要性和特点不同，其安全性也有所不同。

比如，建筑物中有企业核心机构，或者有必须要避免业务中断的部门时，即使发生大地震，也要尽量避免对这样的建筑物产生大的破坏。因此，这样的建筑物其安全性必须高于法律所规定的标准，必须能抵抗法律所规定的震级以上的地震。但是，如果只是一般的房屋，只要按照法律规定建造就不会出现安全问题。

这种设计上对安全性的不同要求，是建筑物的所有者与设计者在设计之初就要明确好的重要事项。当然，这个安全性要求，必须从基本设计阶段到完成设计阶段，所有环节都要遵守。

2 经济性

经济性也是必须从最开始就考虑的重要性能。所谓经济性，并不是指一味地降低成本，而是指用最合适的建筑成本来建造建筑物。

如果以必须要建的建筑物为前提，就必须讨论与要建的建筑物对应的预算。相反，如果是在有预算的前提下，就必须要根据预算来设定建筑物的规模 、内容 、等级。这一点对于建筑业以外的行业也是一样的吧。

3 功能性（居住性）

功能性（居住性）必须根据建筑物的不同内容进行不同的设计。建筑物是事务所还是学校、住宅、医院、宾馆等，其需要的空间大小、面积、采光、室内环境等都各不相同。准确认识这些不同，才能正确规划要建的建筑物的规模、形状（平面面积、开间、进深、层高、断面）和结构形式。

例如，事务所、教室、大厅等，大多数场合需要柱的间隔相对大、面积相对宽广的空间。住宅、宾馆的客房等要求面积比较小且隔声性能好的空间。

另外，除上述三种性能之外，设计性也很重要。根据建筑物的不同，有可能会优先设计性。像纪念碑之类有特殊意义的建筑物就是如此，设计这类建筑物的时候，首先考虑建成何种形状。设计性是重要的性能，所以，根据设计师不同，即使不是像纪念碑之类的建筑物，也有可能将设计性作为设计的主要部分。

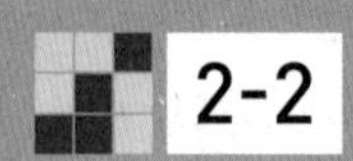

2-2 设计之初考虑的事情 2
——节能减排等环保措施

现代建筑还要求考虑地球环境问题。一个是节约能源，另一个是减少地球温室效应。

节能对策

1973 年发生了第一次世界石油危机。在 1979 年发生第二次世界石油危机后，日本《节约能源法》公布。从那时开始，有研究称世界石油、煤炭等化学燃料的储藏量仅剩几十年。这种情况被媒体报道，引起了广泛重视。

大力进行原子能发电研究，依靠原子能发电来提供能源，这是能源领域专家们为应对下一次石油危机所进行的研究。现在各个领域都开始了节能运动，专家们也广泛开展了能源替代、能源节约等问题的研究。

建筑领域也是如此。在此之前，能源问题是维持建筑成本的一个重要研究课题。但是，作为研究前提的能源枯竭问题却并未得到重视。不过以石油危机为契机，建筑业也开始了关于自然能源，即风能、太阳能、水能等的利用的研究，开始将其作为重大课题进行讨论。

超高层建筑是规模庞大的建筑。电、水、燃气等能源的消耗量也非常巨大。不仅在建筑物的建设时期，在整个建筑物的存续期间，都需要消耗大量能源。因此，为了节约能源，从基础设计阶段开始，就必须在建筑方面、电气方面、空调方面（见下页照片）思考对策。

▲ 照片

减少温室气体排放的大厦

横滨钻石大厦在外墙上安装了建材一体型太阳能发电镶板。使用自动跟踪太阳光的传感器控制百叶窗来减小建筑物的热负荷。

照片 · 图片提供：三菱仓库

地球温室效应对策

同样的问题在地球温室效应对策中也存在。对于地球温室效应，如果放任不管听之任之的话，将会导致气温上升、海平面上升、冰川消退、异常高温引起的森林火灾、暴雨、洪水、干旱等，由此产生的巨大经济损失将对我们的生活产生巨大影响。

地球温室效应是由温室气体（其中占大部分的是二氧化碳）的增加导致的。工业革命以后，由于燃烧煤炭、石油等化工燃料所排放的二氧化碳的量远远超过了海洋、植物等所能吸收的极限，因此导致了地球温室效应。自从这个问题被世人熟知以来，在全球范围召开了国际会议，议题就是减少二氧化碳的排放量，尽量减少化石燃料的使用。

在日本，以 1990 年作为二氧化碳排放量的基准年，人均二氧化碳排放量是每年 9.3t，现在比当时多少有增加的苗头，京都议定书所提倡的“2008 至 2012 年期间减少 6%”的目标非常严峻。目前全世界都在围绕减少二氧化碳排放这一问题进行讨论。

对于建筑业来说，节能就是使用非石油材料和使用石油以外的能源，结果就是制定节能方案。超高层建筑因其使用的材料种类和所需要的能量非常多，因此，在节能、低碳、减排等方面考虑的要素不少。从这一点来看，在现代，环保理念（见下页图）与节能理念在设计之初就是重视的要素。

防止环境破坏

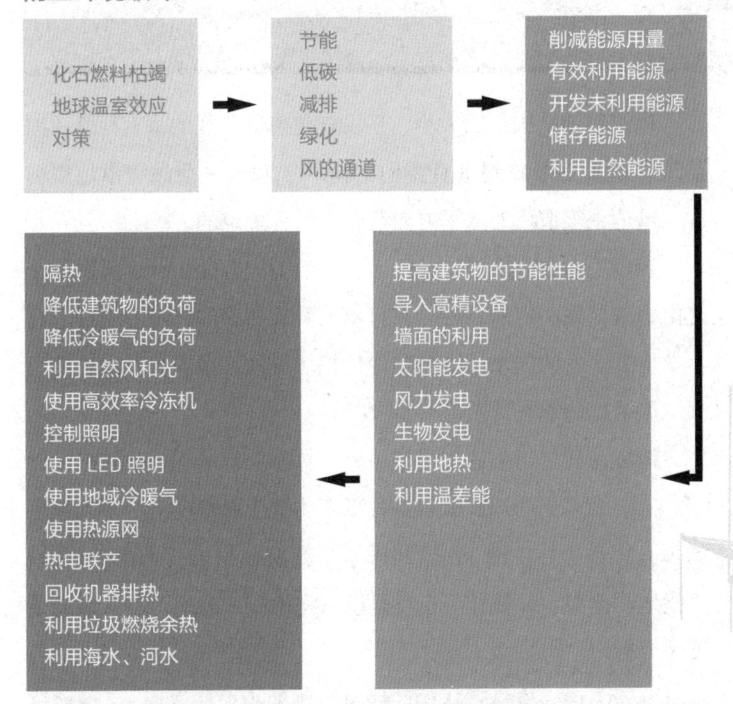

▲ **图**　不可或缺的环保理念

防止环境破坏，其方法可以细分。按照课题分类就可以发现具体的实施方法。

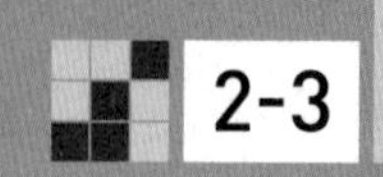

2-3 受力与结构形式的关系
——柱、梁、墙、筒体结构……

建筑物结构构件的大小，是由该建筑物承载的垂直荷载（因建筑物的重力导致的垂直方向的荷载）和水平荷载（由地震荷载、风荷载等造成的水平方向荷载）组合决定的。

在没有地震的国家，柱、梁等结构构件的大小，几乎完全是由垂直荷载决定的，所以在日本人看来那里的柱都非常细。日本是地震多发的国家，结构构件也相应变大。地震荷载的影响巨大，如何处理地震荷载是一个大问题。

地震荷载是指某选定楼层之上，自重乘以地震系数得出的力（图 1）。计算出的地震荷载将其刚度（抗变形程度）分担到该层的垂直构件（柱、墙），这叫作水平荷载分担。所谓水平荷载，是指地震荷载、风荷载。也就是说，将地震荷载通过柱、墙的强度来分担。

一般来说，像柱这样的“线材”刚度小（易变形），像墙这样的“面材”刚度大（难变形）（图 2）。因此，墙的水平荷载分担率大于柱的水平荷载分担率。

也就是说，相对于相同水平荷载，柱比墙更容易变形。如果层间位移（上层楼板和该层楼板间的水平位移）相同，墙比柱能够分担更大的荷载。另外，墙、支架虽然断面面积小，但对水平荷载的刚度和强度都很大，因此在关键场所均衡配置墙和支架可以提高经济性。

另外，建筑物楼层较低时，建筑物整体重量小，承受的地震

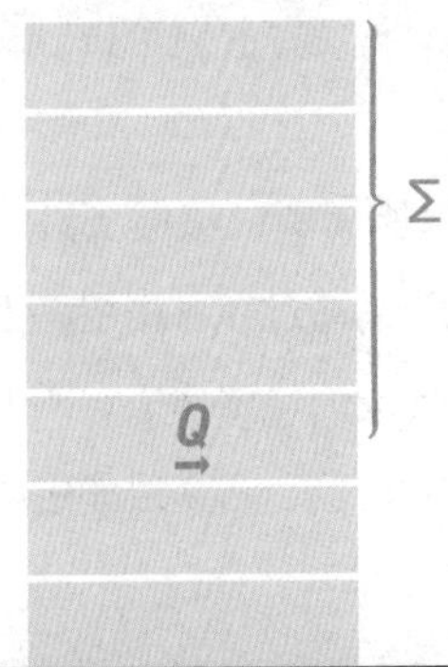

地震荷载 $Q \approx \Sigma W_i \times k$

W_i——建筑物上部自重
k——地震系数（也叫震度）

▲ **图 1**　地震荷载的计算方法

所谓地震荷载，是指地震引起的作用于建筑物上的动荷载。地震荷载越大，越需要更大的抗震强度。地震系数与当地过去的地震记录和建筑物的振动特性等有关。

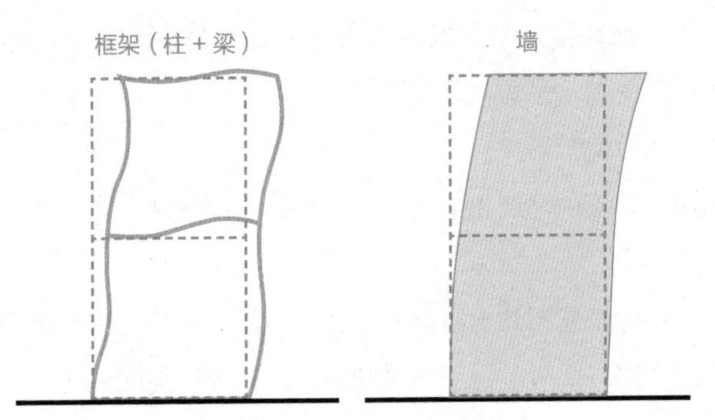

整体变形 = 剪切变形 + 弯曲变形 + 扭转变形

$\Sigma\delta = \delta \boldsymbol{S} + \delta \boldsymbol{B} + \delta \boldsymbol{R}$

	框架（柱＋梁）	墙
剪切刚度	小（变形大）	大（变形小）
弯曲刚度	小（变形大）	大（变形小）

▲ **图 2**
地震荷载导致的柱、墙的变形

与框架结构（柱＋梁）的建筑物相比，由墙构建的建筑物不易发生摇晃。

荷载也小。此时仅以线材的柱、梁来应对地震荷载就可以。当楼层变高时，就需要墙发挥作用了。

电梯的周围、有上下水的周围、厕所周围，功能上必须使用非承重墙，结构上也利用这个。也就是说通过在各楼层将上下水、厕所等配置在同一平面的位置，将周围的墙壁建成有刚度的抗震墙，更有效地发挥作用。这个情况在高层、超高层建筑中经常出现，这种墙称为剪力墙。

如前所述，在刚度（难变形程度）方面，墙之类的面材要大于柱之类的线材，更进一步，将面材以“口”字形组合成箱形墙（核心筒也是其中一种），就可同时增加刚度和强度。核心筒如图 3 所示有各种各样的类型。

虽说如此，墙、箱形墙发挥其功能也有极限。仅由柱和梁构成的面当受到水平荷载作用时，各楼层几乎都变形为平行四边形，这叫作剪切变形。

相应地，墙的高度相对于宽度越高，上部就越弯曲，这叫作弯曲变形。

墙如果位于建筑物上半部的话，有可能比并列的柱梁结构发生更大的变形，此时，对于建筑物的上部，墙的刚度 > 柱的刚度的公式将不成立。

超高层建筑的代表性结构形式

超高层建筑的结构形式（架构方式），在考虑上述情况后再进行设计。实际上使用较多的、代表性的结构形式有如下五种，接下来我们分别看一下。

1 框架结构

只由柱和梁构成的结构称为框架结构，是最基本的结构形式。

▼ 图 3　结构形式和核心筒的种类

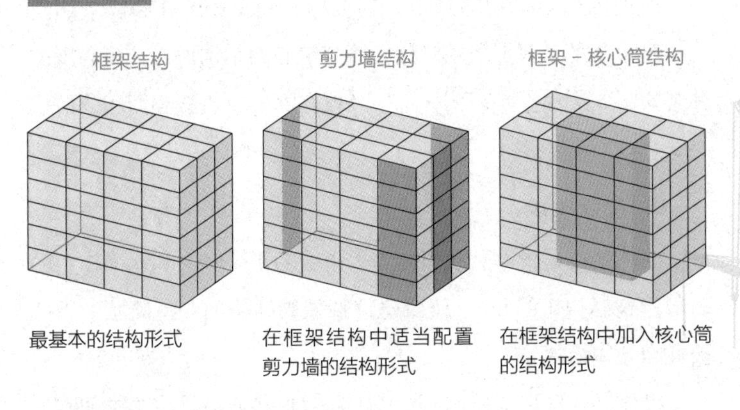

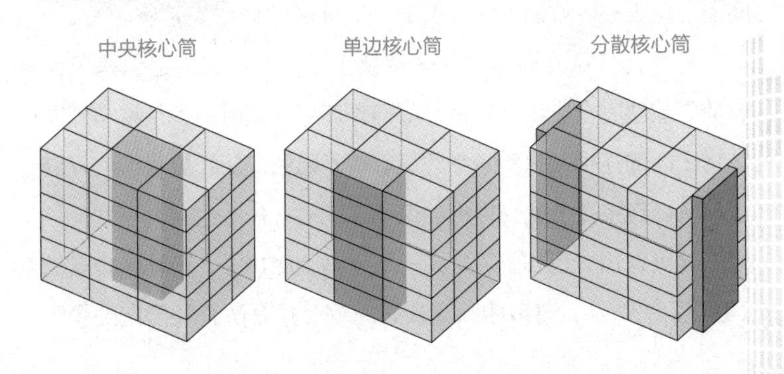

2 剪力墙结构

剪力墙结构是在框架结构中适当配置剪力墙的结构形式。

3 框架－核心筒结构

在框架结构中加入核心筒的结构形式。如前所述，水平抵抗荷载在墙、支架等“面”上比在柱、梁等“线”上要大，在核心筒（箱形墙）上的水平抵抗荷载更大。因此，多数情况使用核心筒。所谓的核心，指的是中心的意思。建造 20~30 层以下的建筑物时，几乎全部都采用以核心筒为中心的结构形式。核心筒的种类如图 3 所示主要有三种：中央核心筒、单边核心筒和分散核心筒。

4 筒体结构

筒体结构是指由竖向筒体为主组成的承受竖向和水平作用的高层建筑结构（图 4）。仅看建筑物外周结构面，呈筒状，因此被称为筒体结构。

筒体结构利用了外周结构面，所以比核心筒结构要求的刚度和强度更大。增加刚度和强度经常采用如下几种方式：减少柱的间隔、增大柱的截面尺寸、加密梁格布置和加大梁高等。

另外，仅靠外周结构面来抵抗水平荷载时，内部结构只需要使用能够完全支承垂直荷载的部件即可。这时内部结构与外周结构之间的连接，只需满足外周结构不膨胀，用楼板束缚就可以了，所以连接部分就变得更加简单。

这可以用“粗竹子”来想一下就马上明白了。筒体结构就像“粗竹子”一样，竹节相当于楼板，竹节具有防止竹筒向外膨胀

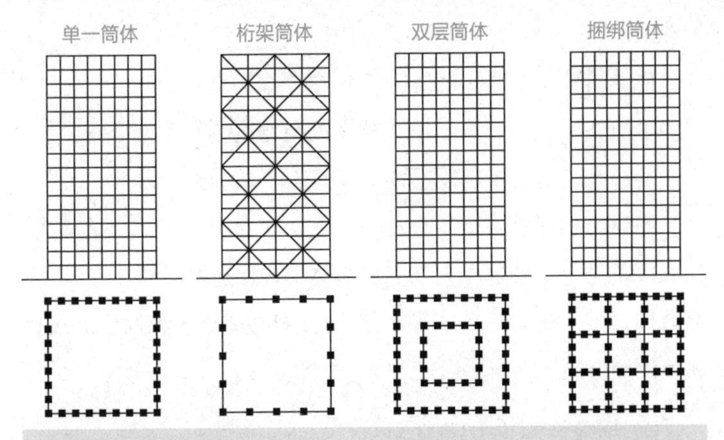

▲ 图 4　筒体结构

利用建筑物外周结构面的结构形式。包括单一筒体、桁架筒体、双层筒体和捆绑筒体四种形式。

◀ 照片 1　筒体结构建筑

新宿住友大厦是典型的双层筒体结构建筑。

的约束功能。

筒体结构建筑的代表是建于 1973 年、破坏于 2001 年的美国纽约世贸中心大厦。虽然由于被飞机突然撞击而人为地破坏了，但这是一座运用了相当高超的技术建造的建筑物。

筒体结构建筑在日本也相当多。例如建于 1974 年的新宿住友大厦就是采用外部和内部双层筒体结构建造的（照片 1）。除此之外，筒体结构还有外周由墙壁、支架覆盖的桁架筒体形式和将筒体捆绑的捆绑筒体形式等。

5 超级结构（大架构）

高宽比大的墙，其中部或顶部用一层楼高的巨大桁架梁连接，我们将这种结构称为超级结构（图 5）。

每 10~20 层设置一层由桁架构成的楼层，用于连接垂直墙，就好像在普通型号的柱和梁构成的框架中，放置了巨大的柱和梁构成的结构。这种结构可承担几乎全部的水平荷载。

因为是巨大结构，所以将其称为超级结构（大架构），多用于超高层建筑。1990 年建造的日本电气总部大厦和新都厅都采用的这种结构（照片 2）。

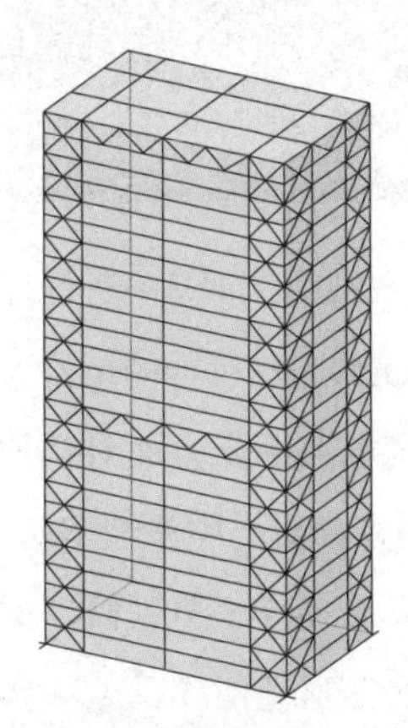

典型的超级结构案例

▲ 图 5　超级结构

用巨大的桁架梁连接墙的结构形式。

照片提供：BLUE STYLE COM
http://www.blue-style.com/

► 照片 2
超级结构式建筑物

超级结构建筑物中，日本电气总部大厦（上）和新都厅（下）最为有名。

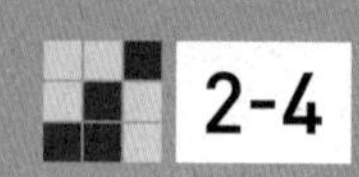

2-4 了解各种结构的特征
——钢结构、钢筋混凝土结构……

大家知道钢结构和钢筋混凝土结构的区别吗？钢是一种强度高、韧性好的材料。钢结构是指以钢材为主要材料制作的结构。

与之相对，混凝土是一种能承受一定程度的压力而对拉伸力几乎无抵抗的材料。钢筋混凝土结构是在混凝土中添加钢筋，从而提升抗拉强度和抗压强度的材料。即使这样，遭到破坏的时候，与钢结构相比，钢筋混凝土结构的变形性能还是差一些（表 1）。

地震荷载与建筑物自重几乎是成正比的，因此，建筑物自重越轻地震荷载就越小。也就是说，如果同等规模，建筑物上承受的地震荷载，重量小的钢结构会比重量大的钢筋混凝土结构小。另一方面，单位面积的建造成本，钢筋混凝土结构与钢结构相比要低得多（更具经济性）。

钢结构所承受的地震荷载小，而钢材的强度高，所以与钢筋混凝土结构相比，钢结构的柱间距即使增大，截面面积也可相对变小。因此，在空间上更有优势。办公楼要求更大的空间，因此采用钢结构的较多。各种结构的特征见表 2。

另一方面，建造住宅时，一般不需要太大的空间，所以柱间距 6~8m 就足够了。这样，钢筋混凝土结构也能满足要求。

而且近 20~30 年使用了高强混凝土，即使建造超高层建筑也不需要巨大的柱。20 世纪 70 年代，混凝土的强度为 18~24MPa，现在强度高达 100MPa 的混凝土也被开发出来了。

另外，住宅要求隔声性，因此比起钢结构，用墙来进行隔声的钢筋混凝土结构除了重量这一点之外，本质上来说更适合用来建造集中住宅，而且成本也更加容易控制。所以钢筋混凝土结构用于超高层住宅是必然的。

如前所述，在日本普及高强混凝土只是近 20~30 年的事，但是在美国，20 世纪 60 年代已经出现 50~60 层使用钢筋混凝土结构的超高层住宅了。另外，在引进欧美技术的东南亚各国，使用高强混凝土的建筑也很常见。

▼ 表 1 变形性能

钢结构	钢筋混凝土结构	钢混结构
变形能大	变形能小	变形能比较大
柔软可还原	硬	比较柔软
因地震导致材料性状改变①后变形大但难以破坏	性状改变后变形小	性状改变后变形相对较大

① 性状改变：变形后无法恢复原样。

▼ 表 2 各种结构的特征

	钢结构	钢筋混凝土结构	钢混结构
空间	大（挠性的）	小空间	介于钢结构和钢筋混凝土结构之间
柱间距	大（8~20m）	小（6~10m）	稍大（8~15m）
重量	轻	重	重（采用钢结构梁时稍微轻些）

注：钢结构因柱与柱之间空间大且重量轻，因此多使用于高层办公建筑。钢筋混凝土结构因成本低，柱与柱之间所需空间小，多使用于低层住宅。

在日本，将钢结构和钢筋混凝土结构的优缺点相结合的钢混结构从关东大地震到20世纪70年代多被使用。高强混凝土的开发稍有些落后，但可以预见，今后使用高强混凝土建造的超高层建筑将会日益增加。

另外，结合钢结构和钢筋混凝土结构的优点，也会出现跟以往类型有些许不同的新型结构构件建造的超高层建筑吧。不同结构形式柱和梁的比较见表3。另外，在计划建造超高层建筑时，先综合考虑安全性、经济性和功能性（居住性），也会决定建筑的结构形式。

柱的构件 1 ——H形柱

1962年，由热轧得到的钢材——H型钢开始在市场上出现，使用H型钢的柱称为H形柱。随着技术的进步，1964年开始制造极厚H型钢。这种极厚H型钢可有最大659 cm^2的截面积，承担竖向承载力的超高层建筑的柱材，效果非常好。在此之前，使用焊接厚板制成的焊接H型钢或箱型钢来充当竖向构件，但是因为需要焊接，所以经济成本相对高些。

这种极厚H型钢的特性是截面积大，强轴方向刚度和强度都大，弱轴方向刚度和强度相对较小。这种特性在使用时可以灵活利用，非常有效。

极厚H型钢在轴力大、强轴方向弯曲力矩大的柱上或者筒体结构的外墙面这样的结构面上经常使用，而且即使现在，这种特性也经常被灵活有效地利用。1968年竣工的霞关大厦宣告了超高层建筑时代的到来，其内柱就使用了极厚型钢

▼ 表 3　柱和梁的比较

结构形式		柱	梁
钢结构（简称为 S）	箱形		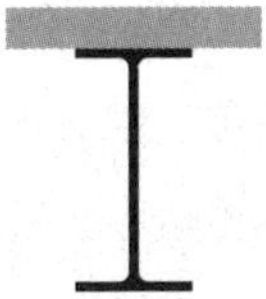
	H 形		
钢筋混凝土结构（简称为 RC）		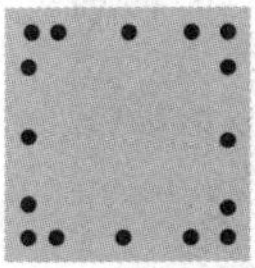	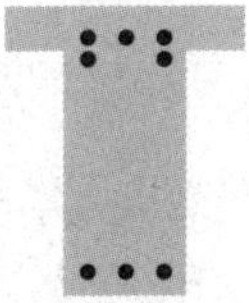
钢混结构（简称为 SRC）	通常	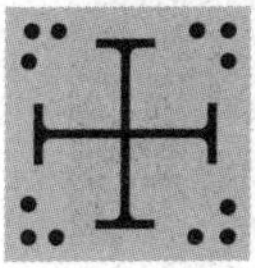	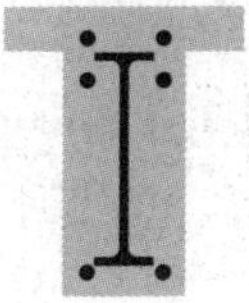
	钢管混凝土		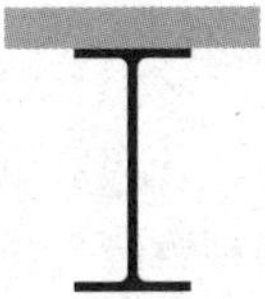

H478 × 427 × 40 × 60（照片 1）。

柱的构件 2 ——箱形柱

超高层建筑中，有的建筑要求柱的两轴（X 轴、Y 轴）方向具有相同的刚度和强度。在这样的建筑中使用的是箱型钢。箱型钢与 H 型钢相比，两轴方向的刚度和强度更大（图 1、表 4）。

为解决箱型钢的形状问题，开发了焊接技术，可以制作出值得信赖的箱形柱。1968 年建造的帝国饭店新馆（照片 2），因使用焊接箱形柱而获得了“特别认定”。此后，使用组合型箱形柱，在现场焊接连接部位的做法就普及开来。

▲ 照片 1　使用极厚 H 型钢建造的建筑物实例

H 形柱在成本控制方面优于箱形柱。霞关大厦选用了极厚 H 型钢来建造。

▲ 照片 2　使用箱形柱建造的建筑物实例

想让建筑物两轴方向具有相同的刚度和强度，选用箱形柱来建造。帝国饭店新馆为此类建筑物的代表。

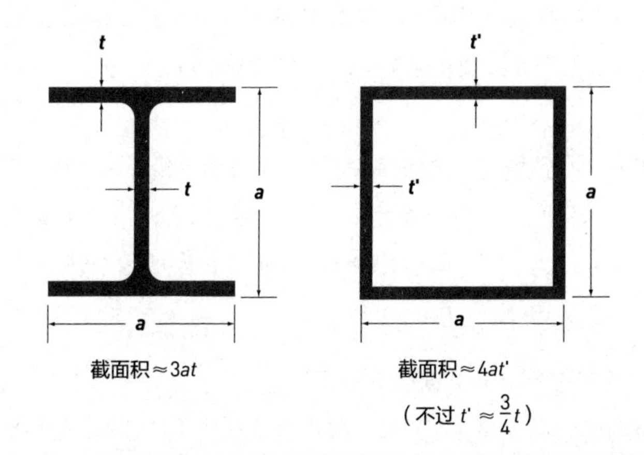

▲ **图 1**　H 形柱和箱形柱在外形、尺寸相等、截面积一定的情况下的比较

箱形截面没有方向性，弯曲刚度、弯曲强度都大。H 形截面在强轴方向刚度和强度都强，弱轴方向刚度和强度是强轴的约 1/3。也就是说，需要注意方向性。

▼ **表 4**　H 形柱和箱形柱的性能比较

		H 形柱	箱形柱
弯曲刚度（I）/cm^4	↔	大（76676）	大（63798）
	↕	小（25600）	大（63798）
弯曲强度 /MPa	↔	大（3833）	大（3190）
	↕	小（1280）	大（3190）

注：外形尺寸标记。在截面积一定的情况下进行比较。括号内的数值为 a=400mm、t=24mm 时。

箱型钢作为产品一直在持续开发，在 1969 年开发出了厚度 12mm 以下的冷镦方形钢管，在 1987 年开发出了宽 400mm × 厚 16mm 以下的产品。现在甚至可以生产宽 1000mm × 厚 40mm 的产品了。

另外，在钢筋加工现场焊接制作的型钢的价格要高于在工厂作为产品而生产的型钢，因此，满足安全性、具备必要性能的型钢如果能够作为工厂产品普及的话，其使用率会大大提高吧。

柱的构件 3 ——钢筋混凝土柱

椎名町公寓（照片 3）作为钢筋混凝土建造的超高层集中住宅竣工于 1973 年。从那以后，钢筋混凝土建造的超高层集中住宅大量出现。如前所述，高强度混凝土的开发和钢筋混凝土结构的经济性以及宜居性是这类建筑发展的较重要的原因。

在此之前并不是没有使用钢筋混凝土以外的材料建造的高层集中住宅。但是，1975 年使用钢结构建造的某高层公寓因强风导致摇晃一事成为社会焦点，人们逐渐认识到了钢结构不适合用于建造高层住宅这一情况。

实际上钢结构也有刚度高的建筑，也有减少摇晃的办法。如果是专用于住宅建筑物的话，钢筋混凝土建造模式可以说是颇为有利的。但这并不是说钢结构就一定是不利的。建造超高层建筑的时候，作为主体结构应该选用哪一个，在本节开头已经讨论过，必须由安全性、经济性、功能性（居住性）来决定。

另外，钢筋混凝土柱之外的新类型——钢骨混凝土柱也成为建造超高层住宅建筑的有力选项。除了在以往的型钢外侧填充混凝土的类型之外，还出现了在钢管中填充混凝土的 CFT 钢管混凝土（照片 4）。随着混凝土强度越来越高，其耐力也越来越大，因此，今后也会在实际工程中发挥更大的作用吧。

▲ **照片 3**　使用钢筋混凝土柱建造的建筑物实例

1973 年竣工的椎名町公寓就是使用了钢筋混凝土柱的超高层集中住宅。

▲ **照片 4**　使用 CFT 钢管混凝土建造的建筑物实例

2007 年竣工的高度为 248m 的中城大厦，在建造时使用了 CFT 钢管混凝土。

照片提供：鹿岛建设

2-5 地震和风哪个更危险?

——根据形状不同，风荷载可能比地震荷载更可怕

地震荷载和风荷载对于建筑物来说，是主要的水平方向荷载。地震荷载正如本书 41 页所述那样，公式是：

地震载荷≈建筑物上部自重 × 地震系数

是地震引起的作用于建筑物上的动荷载。与之相对，风载荷公式是：

风载荷 = 风压 × 风振系数 × 受风面积

风载荷是指风作用在建筑物或构筑物表面上的法向分力（图 1）。

所谓的风压，是指风作用在物体表面的压力，与风速的平方成正比。针对本节标题的设问“地震和风哪个更危险?”这

▼ 图 1　地震载荷与风载荷的区别

地震荷载的计算

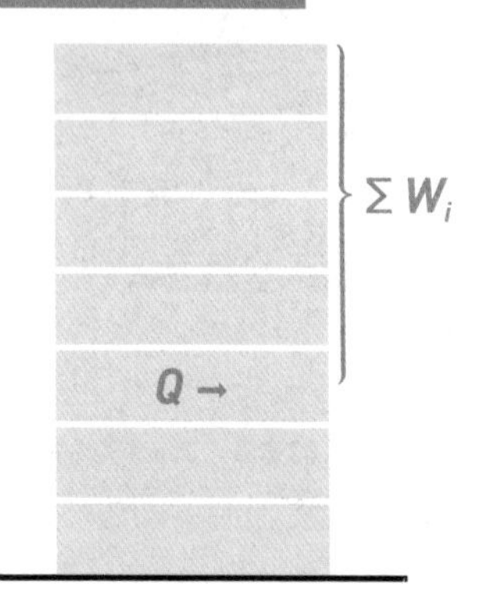

地震载荷 $Q \approx \Sigma W_i \times k$

W_i：建筑物上部自重

k：地震系数（也叫震度）

个问题，我们可以将其置换成“地震和风哪个对建筑物的影响更大？”下面，我们假设有标准层面积为 1000m²（X=20m，Y=50m）的钢结构、钢筋混凝土结构的建筑，来对比看一下。

首先是地震荷载。作用于建筑物标准层的地震荷载，大约是

地震荷载 =1000（m²）× 单位重量（W）× 地震系数（k）

一般钢结构的 W=8000N/m²，钢筋混凝土结构的 W=12000N/m²，假设 k 值相同的话，作用于钢结构和钢筋混凝土结构的地震荷载分别是 8000kN·k 和 12000kN·k，地震荷载相差 50%。另外 k 值因建筑物的高度或结构种类不同，其数值也会出现差异。假设一般建筑物 k=0.2，作用于钢结构和钢筋混凝土结构的地震荷载分别是 1600kN 和 2400kN。

另外，在可将地震荷载减小的免震结构或柔性结构的超高层建筑中，也有可能 k=0.1。这时作用于钢结构和钢筋混凝土结构

风荷载的计算

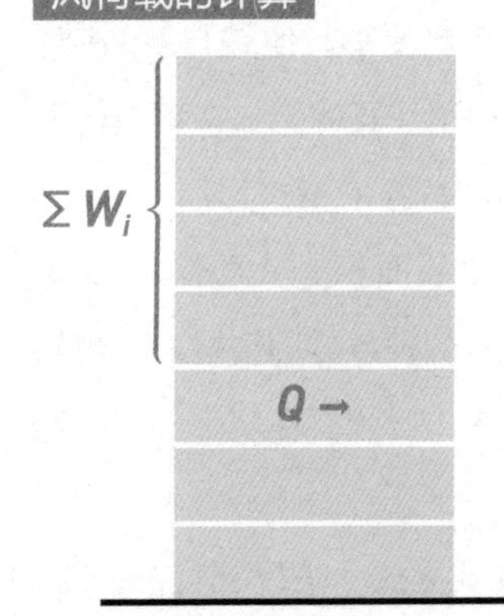

风荷载 $W \approx \Sigma(A_i \times C_i \times q_i)$

A_i: 各层的受风面积

C_i: 风振系数一
因受风面的形状、表面粗糙度不同有若干变化

q_i: 风压一
因高度而发生变化

的地震荷载分别为 800kN 和 1200kN。

接下来我们计算一下风荷载。在这里我们假设标准层的层高为 4m，整个建筑物的高度为 150m，风荷载的计算方法为

风荷载 = 风压 × 风振系数 × 受风面积

因此施加到标准层上的风荷载为

X 方向的风荷载:（风压 q）×（风振系数 1.2）× 20（m）× 4（m）

Y 方向的风荷载:（风压 q）×（风振系数 1.2）× 50（m）× 4（m）

风振系数在这里取为 1.2。

在受风面积不同的 X 方向和 Y 方向上，风荷载也不同。风压到 20 世纪 90 年代一直使用式 $q=120\sqrt[4]{h}$（kg/m^2）计算（其后在增加环境、期待值等参数后计算值有些许降低）。根据此式计算，建筑物高度为 150m 时，X 方向、Y 方向的风荷载分别为

X 方向的风荷载：风压 4.2（kN/m^2）×
风振系数 1.2 × 20（m）× 4（m）=403kN

Y 方向的风荷载：风压 4.2（kN/m^2）×
风振系数 1.2 × 50（m）× 4（m）=1008kN

这个数值与 k=0.2 时的地震荷载相比要小。但是与 k=0.1 时的地震荷载相比，Y 方向的风荷载与刚刚计算的施加在钢结构上的地震荷载 800kN 相比要超过 200kN，达到了 1008kN。

以上的计算是在假设了高度、标准层面积、平面形状、k 等数值基础上计算出的。实际的建筑物有各种各样的情况。要想知道地震和风哪一个对建筑物的影响更大，必须要在实际的建筑物中进行比较。

而且，因为风荷载而导致建筑物摇晃这一情况到目前为止，

在中低层建筑物中生活的人们是感知不到、无法想象的。但是，只要受力，建筑物都会多多少少发生变形。在超高层建筑物中，风的影响会变大。与中低层建筑物相比，超高层建筑物将发生更大变形。这些作为理所当然的事情逐渐被人们接受，人们不会因此而感到吃惊和恐慌。

一般来说，对于钢结构建造的标准层面积小的建筑物（塔状建筑）或平面形状是扁平的建筑物，以及柔性结构的超高层建筑，风荷载的影响远超地震荷载（图 2）。

▼ **图 2**　受风荷载比地震荷载影响大的建筑物

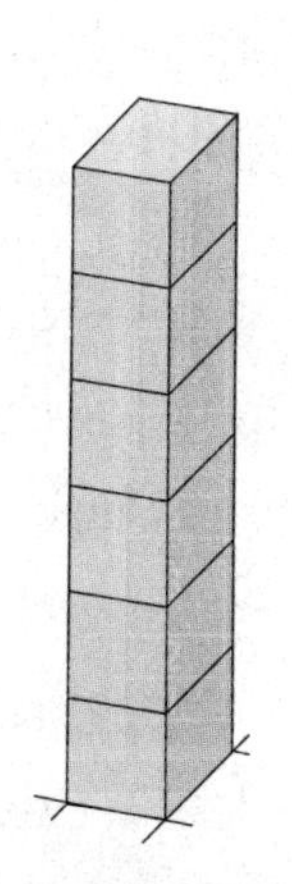

1 标准层面积小的建筑物（与重量相比，受风面积相对大）

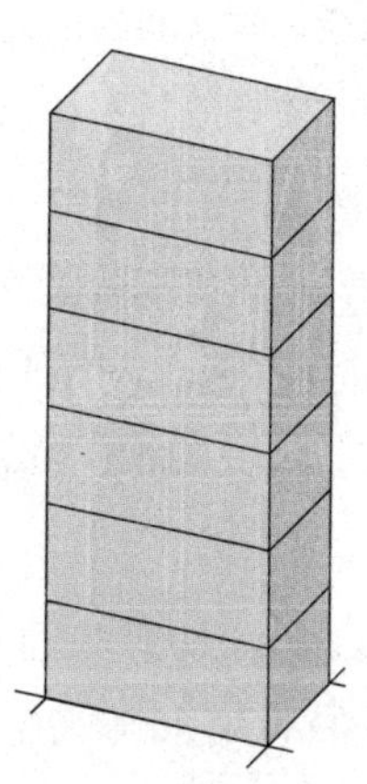

2 平面形状是扁平的建筑物（与重量相比，受风面积大）

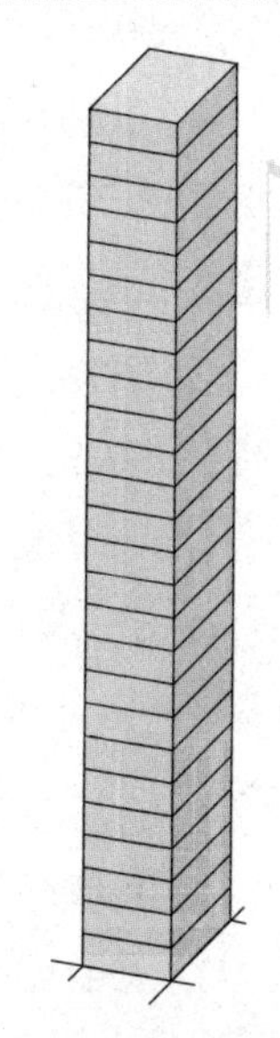

3 柔性结构的超高层建筑（重量轻，地震荷载小，风压大）

2-6 超高层建筑图样的画法
——并不是说图样越多越好

建造建筑物时需要各种各样的图样（设计图）。下面我们总结了一些图样种类（见下页表）。其中有的图样根据建筑物的规模、种类有可能并不是必须要有的，但越是超高层建筑，这些图样越是必须要有的。

以前，这些图样全部都由设计师们亲手绘制完成。因此设计师的桌上必须有制图板、丁字尺等工具，很多技术图样都是在制图板上诞生的。而且，设计高手所绘的带有艺术气息的图样也是从手绘图样开始的。

如果我们整体看一下各工程图样，就会发现其中一部分图样是相通的。例如，显示机器、配管等的设备图是以设计图的各楼层建筑平面图的主要轴线、柱、墙的位置为草稿描绘出来的。因此，将设计图草稿阶段的图样原封不动地用到设备图上可以大大提高绘图效率。

实际上，在手绘设计图的终期阶段，使用各楼层建筑平面图（显示柱子、墙壁、房间布局等的图样）的复印稿，在其上加绘设备平面图（画上配线、配管、机器设备等的图样）的做法广泛流行。

从 20 世纪 70 年代个人计算机出现，计算机辅助设计（CAD）逐渐普及。到 20 世纪 80 年代后半段，人机交互型的计算机辅助设计系统开始被应用到绘图上。现在我们已经发展到使用三维 CAD 软件进行绘图。CAD 的优点有如下两点。

▼ 表　图样种类

建筑施工图	特别标注式样说明书	配置图	展开图	建造用具表
	样板说明概要	各楼层平面图	顶棚平面图	外部结构图
	收尾表	断面图	平面详细图	
	面积表及求积表	立面图（各面）	断面详细图	
	楼盘向导图	主要部分详图	部分详细图	
结构施工图	特别标注式样说明书	梁柱平面布置图	柱断面表	各部详细图多张（焊接基准图）（接缝基准图）（接头基准图）（钢筋详细图）
	土质柱状图		大梁断面表	
	桩平面图		小梁断面表	
	基础平面图	基础断面表	混凝土楼板断面表	
	各层楼板梁平面图	基础大梁断面表	墙断面表	
	桩断面表	基础小梁断面表	标准配筋要领图	
设备施工图	电气设备图	自发电设备图	电时钟扩声设备图	中央监控设备图
	特别标注式样说明书	避雷设备图	内部对讲设计图	监控设备图
	电灯设备图	楼内交换设备图	电视同步信号接收设备图	楼内配线线路图
	受变电设备图	楼内信息通信网设备图	火灾报警设备图	
	机械设备图	卫生器具设备图	燃气设备图	升降机设备图
	特别标注式样说明书	给水设备图	焚化炉设备图	搬送机设备图
	机械设备表	排水设备图	屎尿净化槽设备图	特殊设备图
	空调设备图	给热水设备图	垃圾处理设施设备图	室外设备图
	换气设备图	消防设备图	深井设备图	
	排烟设备图	厨房机器设备图	自动控制设备图	

注：结构简单的建筑物，即使楼层多图样的页数也会少。而形状复杂的建筑物，即使楼层少图样数量也会多。

优点 1 以一个基本数据作为共同数据，可运用到多张图样中

这是使用 CAD 最大的好处。前面所说的设计图如果被数据化了，那么在不同阶段需要该数据时，就可以选取必要的数据来作为设备图的底稿。不仅在设计图和设备图之间，在外观图和结构图之间，和进行各种计算时也能够灵活使用数据，可以大大提高工作效率。甚至可以以此进行建筑估算。另外，不仅在设计阶段，在施工阶段甚至设施管理阶段也能够共享数据、灵活运用数据。

优点 2 熟练操作的话，将大幅度提高图样制作的速度

使用 CAD 可以简单快速地删除、变更、追加线条（见下图）。图样整洁又清楚是其最突出的优点。但是正如前面说的那样，过去的设计高手手绘的带有艺术气息的图样却再也不会出现了。

另外，如果 CAD 只用于誊写没有什么太大的优点。但是，设计就是根据原本的描绘，通过变更来丰富想法创意。因此不仅在实际设计阶段，在基本企划、基本设计阶段也可以使用 CAD 迅速表达设计者的思想，从而促进最终设计方案的诞生。

如上所述，CAD 优点颇多。但是在开发之初，它也有各种各样的缺点。

缺点 1 即使不懂建筑知识的人，只靠描图也能绘图

CAD 画出的图，即使绘图者不懂建筑知识，也有可能因为纸面干净而被误认为是好的图样。现在很多软件都安装了标准节

▼ **图**　CAD 制图操作界面

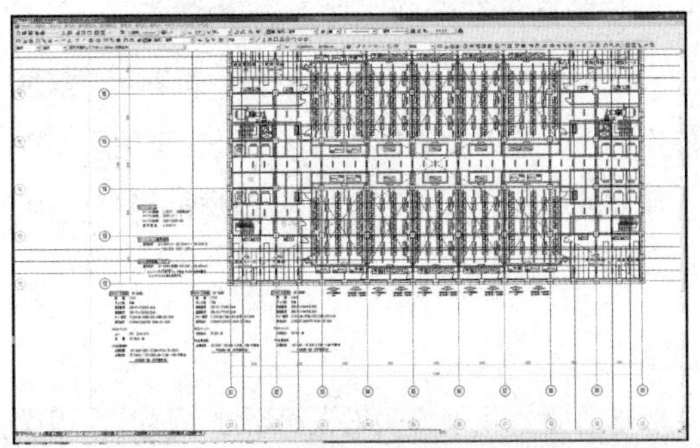

制图操作界面。所绘的全部内容不是单纯的线条，而是有属性的。CAD 软件本身可以将绘制的线条自动识别为管道或空调机、导管等。

各种属性（管道尺寸、位置和高度信息、材质、空调机组性能、厂商名称）等都有，因此可实现三维可视化。

将空调机组周边放大的画面。

图片提供：三谷产业

点和细节，因此弥补了这一点不足。

缺点 2　某一处变更必须在全部图样上更改数据

在设计过程中发生变更是常有的事情。但是，如果同一数据在很多图样中都使用的话，这时就必须要将某一处变更的数据在全部的图样中进行相应的改变。这也可以说不是缺点，但是必须要注意。

关于图样的页数

图样的页数一般随着建筑物规模的增大而增加。但是在规模大、重复的情形多、形状简单的情况下，相对来说图样的页数也不会太多。例如，有一栋 50 层高的超高层建筑，如果标准层只有一种情形，那么平面图只需要如下四种图样。

1. 地下室
2. 一层
3. 标准层
4. 最高层

但是，在平面、剖面、立面上有凹凸、不规则的建筑物，即使楼层很少，仅仅是平面图就有可能有几十页。因此，图样的页数与建筑物的规模、建筑物的好坏并没有直接的关系。

第3章

超高层建筑的施工方法

不管多高的建筑物，其建造都是从地基施工（地下工程）和基础工程开始的，然后是主体工程（结构体工程）、收尾工程、设备工程等。由建设者按这个顺序，通过长时间、孜孜不倦地反复工作，建筑物才最终落成。在本章中，将为大家介绍超高层建筑的施工方法。

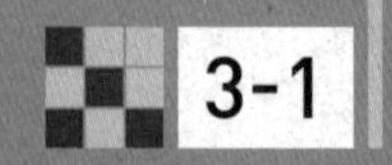

3-1 负责建造超高层建筑的是谁？怎样建造？——全体人员团结一致

负责建造超高层建筑的是综合建筑公司（总建筑承包者）。日本大林组、鹿岛建设、清水建设、大成建设、竹中工务店这五家大型综合建筑公司被称为超级综合建筑公司。

在项目开工前，负责项目建设的综合建筑公司任命有特别资质的项目经理作为项目领导，负责项目的具体实施。超高层建筑以项目经理为中心，基于设计图进行施工。

建造超高层建筑需要高超的技术。如果建筑方（业主）、设计人员、施工人员、专业施工人员不齐心合力的话，就无法保证正确、安全地施工。因此，所有相关人士目标一致非常重要。因此一般来说，要公布以下五个目标（管理项目），然后各方决定与各自工作相一致的具体目标值并切实推进工作。

▼ 五个目标（管理项目）

1 品质（Quality）……………………**建造优质建筑**

2 费用（Cost）……………………**降低成本**

3 工期（Delivery）……………………**尽早完工**

4 安全（Safety）……………………**安全施工**

5 环境（Environment）…………**节能低碳**

对于各种各样的工作，要进行计划、执行和评价，必要的话要重新计划，一边开展如上流程一边推进建设（见下图）。

▼ 图 施工按照 PDCA 管理周期进行

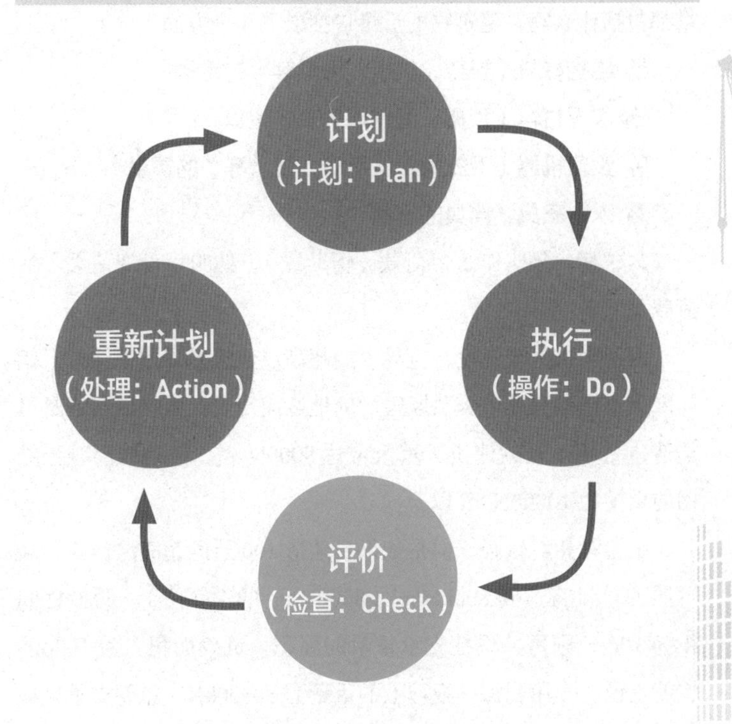

在施工开始之前，必须要考虑施工现场的周围情况。大家一定有人见到过在街道上围墙中进行施工的施工现场吧。最近，很多建筑公司在围墙上画画或在围墙上开一些小窗子，让行人可以看到里边的样子。建筑公司正在努力获得周边人们的理解。

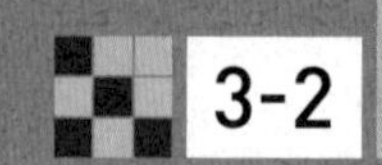

3-2 超高层建筑与地基是什么关系？——支撑建筑物的地基不可或缺

在讲地基之前，首先问大家一个问题，大家知道建筑物的重量都包括什么吗？建筑物的重量包括以下4个方面：

1 结构材料（框架、楼板、墙壁等）的重量

2 收尾材料（顶棚、间壁墙等）的重量

3 设备机器（卫生间、洗手盆、配管等）的重量

4 人、家具、器具的重量

其中1～3叫作永久荷载（恒荷载），4叫作可变荷载（活荷载）。

因考虑重量与强度，世界上的超高层建筑多采用钢结构。钢筋混凝土结构只在地震、风害少的地区使用。钢结构的特征是可建造重量相对轻的建筑，重量可达8000N/m²。而钢筋混凝土结构的重量为10000N/m²以上。

虽说是相对较轻，但是如果要建造100层的超高层建筑，最下层的重量将达到800kN/m²（8000N/m²的100倍）。假设柱间距为10m，则每一根柱支承重量的面积（负载面积）为100m²。也就是说，作用到每一根柱上的重量为80000kN，想要支承这栋楼必须有坚固的地基。那么，日本的地基情况如何呢？

从结论来看，日本是多地震国家，日本能支承建筑物的地基（持力层）常位于地下深处。挖掘地基深基坑、改良软土地基需要高度先进的技术，建筑费用也相对高昂。确实很难说日本适合建造超高层建筑，但是也并不是完全不能够建造超高层建筑。虽

然日本有诸多不利因素，但是只要好好进行地基调查然后适当建造施工，也完全有可能建造超高层建筑。

按目前的状况来看，如果建造高度为 300m 左右的超高层建筑，在日本是完全没有问题的，而且实际上已经建成了高度为 296m 的横滨地标大厦（见下页照片）。虽说如此，在选取建造超高层建筑的地基时，还是必须要从以下三点进行慎重考虑。

1 了解支撑建筑物重量的地基的深度

作为日本地基的代表，我们来看一下已经建成了很多超高层建筑的东京区域地质的情况吧。东京处在古老坚固的洪积层重叠着沙石堆积的冲积层上。表示地壳承受荷载能力的数值叫作 N 值，一般 N 值在 50 以上的地方称为持力层。

图 1 展示了东京都区部的地层断面，大多数的高层建筑由 N

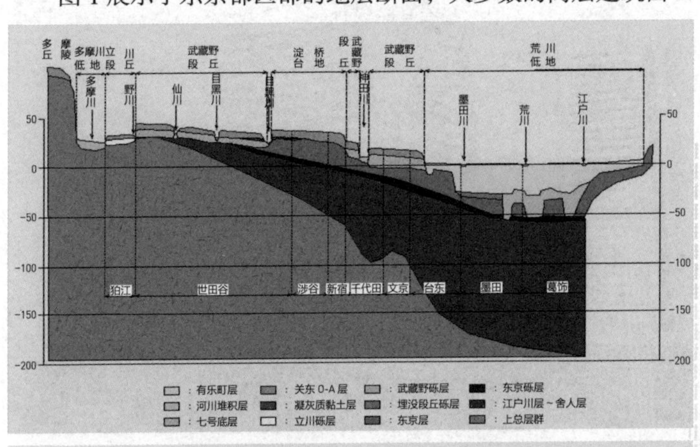

▲ 图 1　东京都区部的地层断面

山手和下町的持力层深度完全不同。

图片提供：东京地质咨询公司

▲ **照片** 横滨地标大厦

实际上日本的地基（持力层）在地下很深的位置，又是地震国，不适合建造超高层建筑。但是，横滨地标大厦以 296m 的高度傲居日本第一位。

值大于50的东京砾石层（褐色的层）支承。东京砾石层位于东京都中心部距地表深度20~30m的位置。超高层建筑林立的纽约曼哈顿地区地下整体是一块岩石，地表下就是强固的持力层。因此，不需要向地下挖掘很深。纽约帝国大厦是一座地上102层的超高层建筑，但是它的地下仅有两层。

2 了解地基的振动特性

关于地基还要了解在地震发生时地基与地震波的传播方式的关系，这被叫作地基的振动特性（图2），它与建筑物的摇晃方式有很大关系。

如果地基坚硬，地震波中多含周期短的波，低层钢筋混凝土结构等固有周期短的建筑物就容易发生共振。所谓固有周期，是指建筑物自由摇晃时，摇晃往返一次所需的时间。相反，如果地基柔软，地震波中多含周期长的波，木质结构等固有周期长的建筑物容易发生共振。

另外，持力层到建筑物基础面，地震动输入加速度会产生增

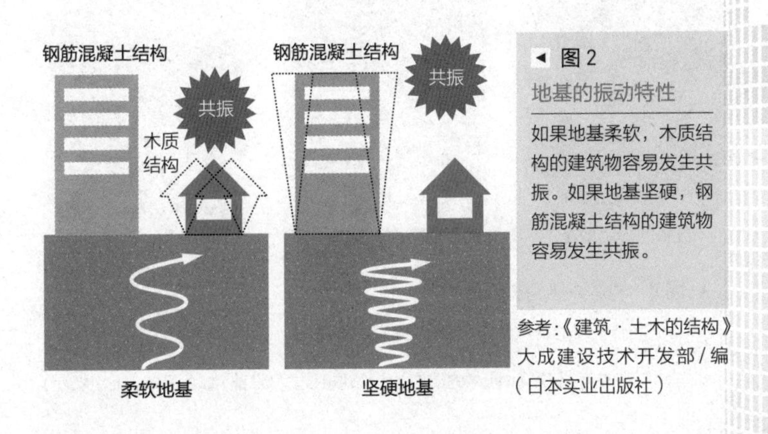

◀ 图2
地基的振动特性

如果地基柔软，木质结构的建筑物容易发生共振。如果地基坚硬，钢筋混凝土结构的建筑物容易发生共振。

参考:《建筑 · 土木的结构》大成建设技术开发部/编（日本实业出版社）

幅。如果地基柔软，地震动输入加速度的增幅会加大。

3 了解地下水位与地基的关系

如果是地下水位高的柔软地基，地下楼层的结构设计中必须要考虑施加到外墙或底板的巨大水压。在施工中为防止水（高压水流）的流入，要花很多心思。尤其是在地下水位高的砂土地基的情况下，受到地震的强震动后，位于沙粒缝隙的水的压力上升，会出现地基整体变成液态的情况。这种现象被称为液化，液化后的地基将变得松散，缓慢失去支承建筑物的能力（图 3）。

1964 年新潟地震中，新潟市内的填筑地基发生大规模液化。其结果导致钢筋混凝土结构的公寓发生倒塌，损失严重。地基液化的过程如图 3 所示。为防止危险的液化情况，可以将地基整体加固，进行地基改良。地基改良的代表性方法有如下三种，不仅

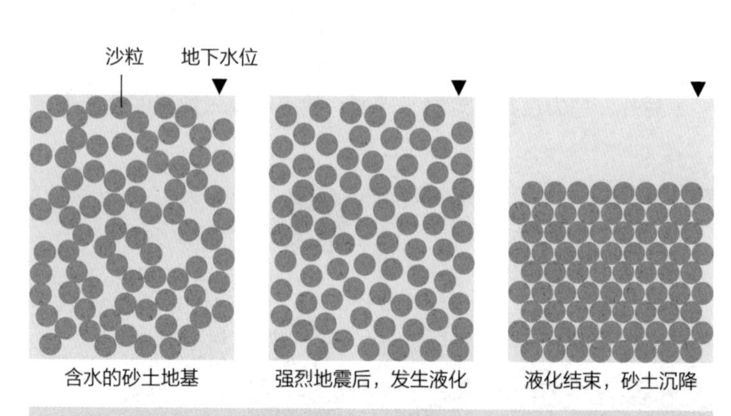

▲ 图 3　地基液化的过程

位于沙粒缝隙的水的压力上升，地基整体变成液态。

参考:《建筑 · 土木的结构》大成建设技术开发部 / 编（日本实业出版社）

可用于改良建筑物的地基，也可用于改良机场跑道之类面积相对大的地基。

1 **置换**→去除不良土质，替换成优良土质。

2 **加固**→将水泥和柔软地基混合，实现地基加固。

3 **夯实**→采取振动、打入砂桩的方法，将土中的水分挤出。

神户市内填筑地基上建造的高层宾馆因持力层较深而采用了桩基础（参考 75 页），在桩的周围以井桁状加固进行地基改良（图 4）。这座建筑物在 1995 年的阪神大地震中纹丝不动，充分证明了地基改良的有效性。

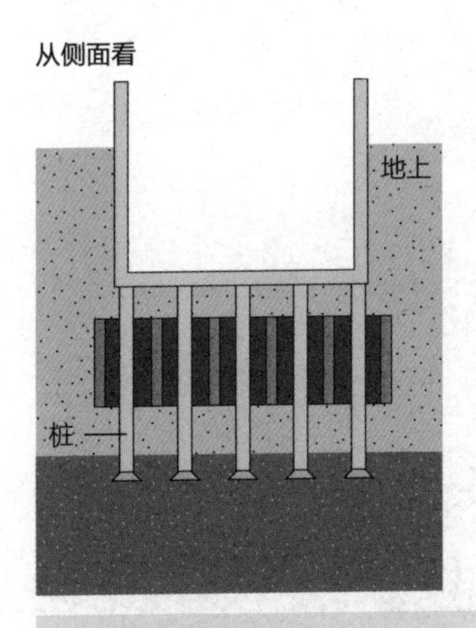

从上面看

▲ 图 4　地基改良

通过在桩的周围以井桁状加固进行地基改良。

参考:《建筑 · 土木的结构》大成建设技术开发部 / 编（日本实业出版社）

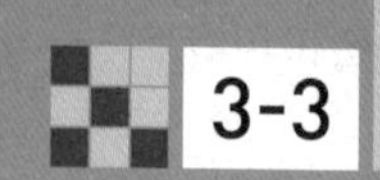

3-3 地下工程和基础工程
——直接基础和桩基础

建筑物的基础根据持力层的深度不同，分为直接基础和桩基础。直接基础如图 1 所示，是指以钢筋混凝土为基础，直接将荷载传递到地基的方式。其中，基础一个一个分别设置到柱下面的方式，称为单柱独立基础，以底板整体为基础的叫作筏板基础。

桩基础如图 2 所示，是在建筑物的基础上通过打桩将荷载传递到位于深处的持力层的基础。桩基础分为两种方式，一种是将钢管桩或成品钢筋混凝土桩打入地下的方式，一种是在现场将绑扎好的钢筋笼放入挖掘好的洞内，然后在洞内浇筑混凝土，制造混凝土桩的方式。

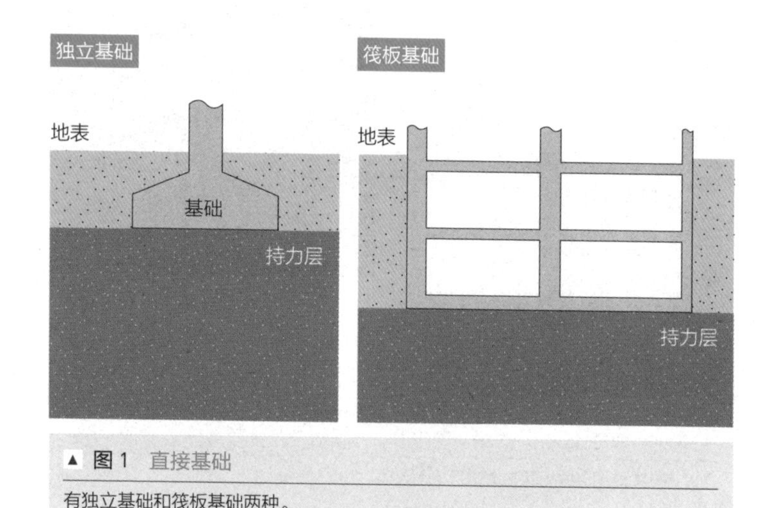

▲ 图 1　直接基础

有独立基础和筏板基础两种。

在高层建筑或超高层建筑中，从建筑物的安全稳定性、地皮的有效利用出发，在地下设置地下室，作为机房或仓库、停车场使用。但是，深挖地下会导致包含临时费用（为防止周边土方坍塌而进行的挡土墙施工等）的建设费相对增高，因此地下室通常修建3~5层。

在持力层浅的情况下，采用直接基础。在持力层深的情况下，采用从地下室底部继续打桩来传递荷载的桩基础。

在这里我们先介绍一下构筑地下楼层时的地下挖掘工程，然后再举例介绍直接基础和桩基础。

地下挖掘工程

构筑地下楼层时，一般来说，根据地皮面积是否充裕、周围

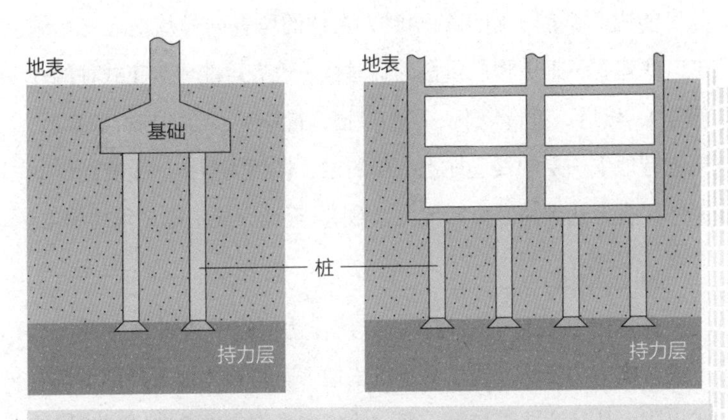

▲ 图2　桩基础

将荷载传递到位于深处的持力层。

地基是否容易崩塌等来采取不同的施工方法。在这里我们介绍一下典型的施工方法。

1 明挖法

明挖法即先从地表向下开挖基坑或堑壕，直至设计标高后，从基底由下向上顺序施工，完成地下工程主体结构后进行土方回填，最终完成地下工程施工。通过修建临时挡土墙（防止背后沙土坍塌的墙壁）、支护腰梁（与墙壁平行的临时支架）、斜梁（与墙壁相交的临时支架），一边防止周围地基坍塌，一边进行挖掘。结束后进行基础施工。这种情况下，根据挖掘的深度，支护腰梁或斜梁可为两段或者三段。

2 逆作法

在相当于地下室外墙的相应位置上，从地表进行正式挡土墙（将来成为建筑物地下室外墙的钢筋混凝土结构的墙壁，一部分可能内含钢筋）施工的同时，在柱的位置同样从地表开始施工，修建支承地下楼层重量的临时柱（也有可能成为正式柱的一部分），然后，进行地下一层的挖掘，待地下一层的挖掘结束后，再进行地下一层的柱、地上一层的梁、楼板的施工。重复这样的工序，直至达到所需要深度（层数），至此完成基础工程的施工。

3 沉箱法

在地上制造地下结构体，以此作为沉箱，通过自重沉入地下进行施工的方法。为了易于沉入地下，将箱体地下外部下端做成刃脚。从地表向下挖掘，通过将挖掘范围由中央向周边扩展使沉箱慢慢开始下沉，达到设计深度后在箱体中央底部构筑工作基础，然后构筑刃脚周围的基础，最后结束施工。

直接基础

众所周知的六本木新城森大厦，地下 6 层，地上 54 层，高度为 238m，是一座写字楼（照片 1）。建筑物总质量约 70 万吨，持力层位于地下约 30m 处的东京砾石层上，采用直接基础的筏板基础设计建造。

最下层的面积约为 16000m²，因此 700 万千牛的荷载通过基础梁或耐压板分散到约 16000m² 的面积上，传递给地基。换言之，将基础梁或耐压板传递到地基上的荷载，作为从下向上的力进行基础梁或耐压板的设计。

▶ 照片 1

六本木新城森大厦

用筏板基础建造的建筑物。荷载约 700 万千牛，分散到最下层约 16000m² 的面积上。

结果耐压板设计成内藏基础梁的形式，厚度为4.5m。地下部分的断面如图3所示。最下面的基础厚度约为地上一层楼的高度。

桩基础

东京塔（照片2）采用了桩基础。东京塔的钢筋总质量约为4000t。如此庞大的质量由四条腿支承，因此通常一条腿要支承10000千牛的荷载。而当发生大风或地震时，其荷载将增大很多。因此，东京塔的基础要设计成无论哪一条腿都可承载40000千牛荷载的标准。这是设计成能够抵抗最大风速为75m/s的超强台风的极限。

每一条腿下都设计了8根直径2m的钢筋混凝土桩，共计32根，向位于地表下20多米深的持力层传递荷载（图4）。

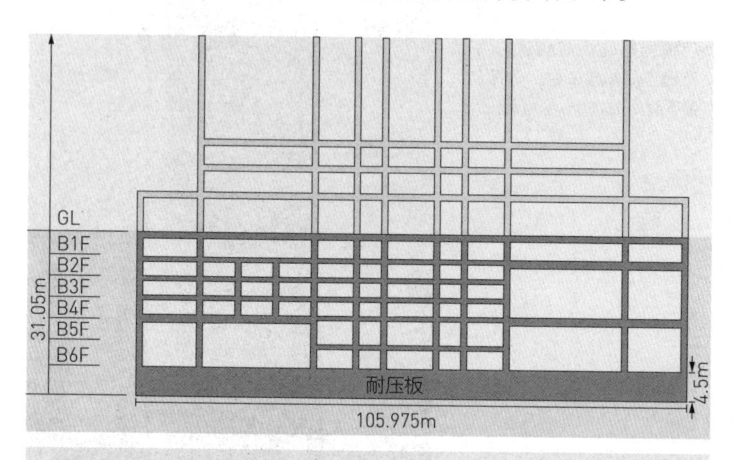

▲ 图3　六本木新城森大厦的基础

内藏基础梁的耐压板厚度为4.5m，约为地上一层楼的高度。

▶ 照片 2　东京塔

作为各电视台转播节目共同使用的电波塔，开工于 1957 年6月，竣工于1958年12月，仅用一年半的时间建成。

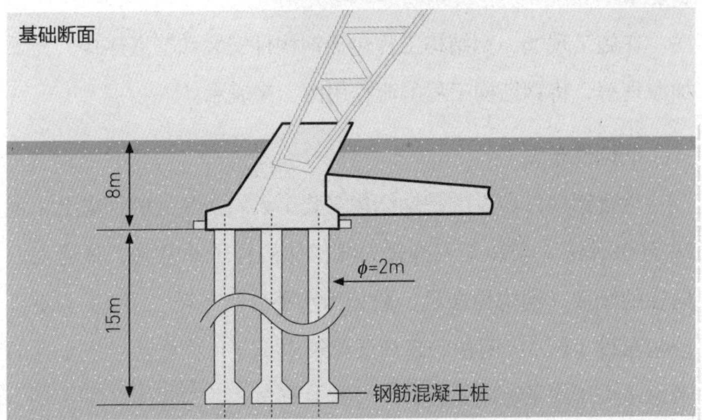

▲ 图 4　东京塔的基础

东京塔采用了桩基础。四条腿共支承约 40000 千牛的荷载，被设计成每条腿都可支承 40000 千牛的荷载。各柱脚在地下由 20 根直径 5cm 的钢棒成对角线状连接。

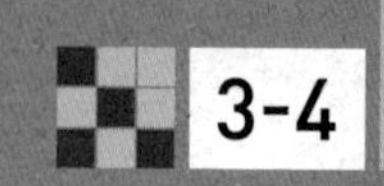

3-4 主体工程
——钢结构工程、钢结构防火涂料工程

主体工程包括柱、梁、墙壁、楼板等构件的施工。超高层建筑施工中钢结构是主流，因此，在本章中，对“钢筋工程”“钢结构防火涂料工程”进行解释。

钢结构工程

钢柱、钢梁等钢构件在制作工厂加工后搬运到施工现场。从制作工厂到施工现场用卡车或拖车搬运，有时也可用船搬运。

运输时因受重量、长度等的限制，柱构件按照一层或两层（1 节）的长度摆放。另外，梁构件以柱与柱的间隔（1 跨距）的长度来摆放。

在施工现场，钢结构工程包括钢构件安装和节点连接。为了加深理解，将钢结构工程的流程用图 1 来表示。

钢构件布设

负责钢构件布设的是钢结构安装工人。在高处的钢梁上（宽 20 至 30cm），安装工人身轻如燕工作的样子非常帅，是男人们向往的职业。钢构件布设一般分为水平分割布设（图 2）和垂直分割布设（图 3）两种。超高层建筑中出于可操作性、安全性的考虑多采用水平分割布设。

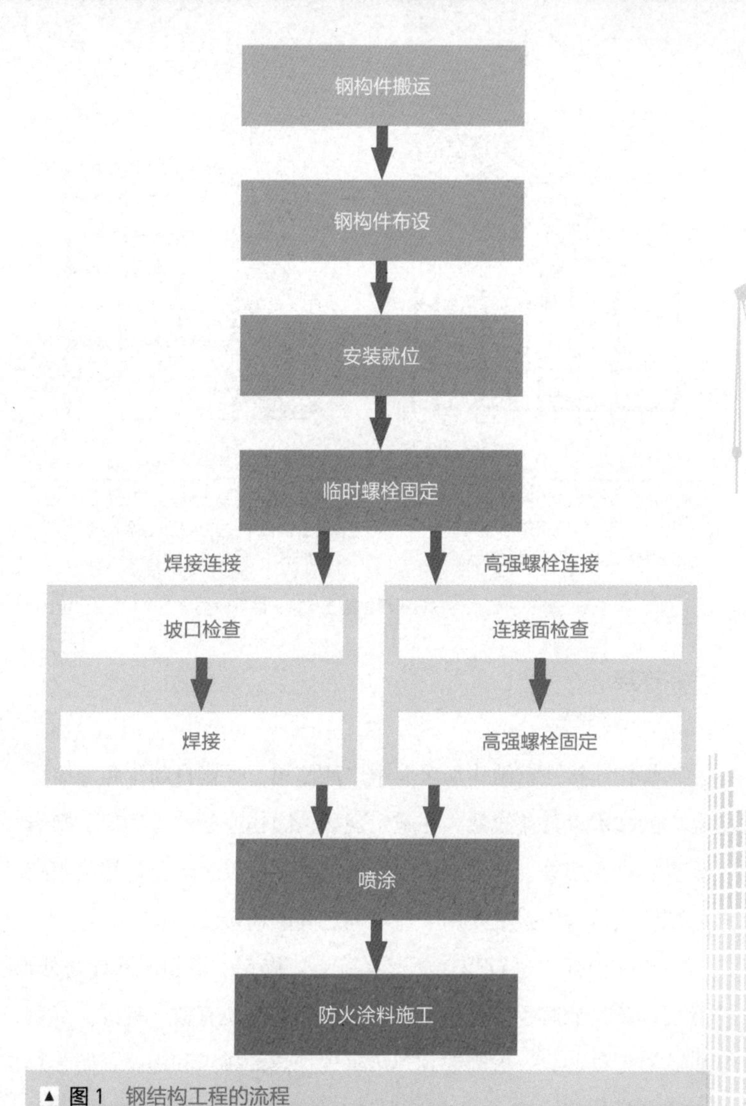

▲ **图1**　钢结构工程的流程

焊接连接和高强螺栓连接工序不同。

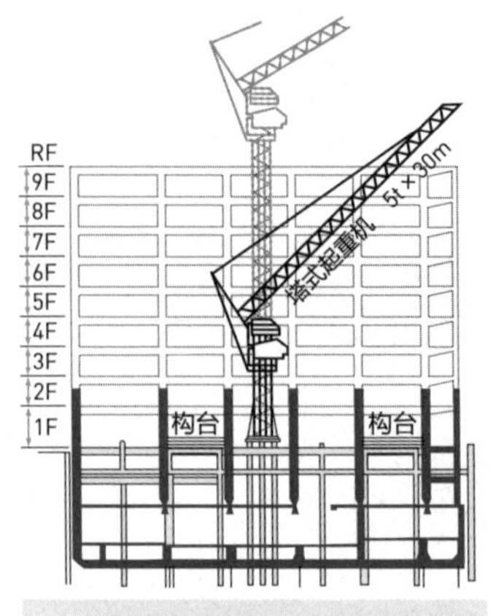

▲ 图 2 水平分割布设

水平分割布设又称为积层方式布设或按节建布设。每层固定依次向上方推进。超高层建筑多采用此方法建造。

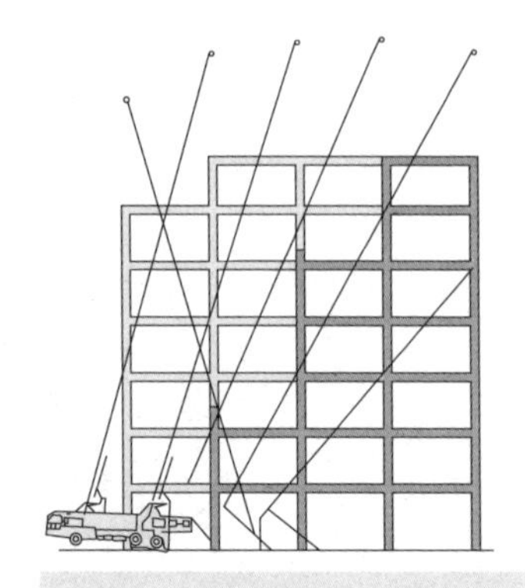

▲ 图 3 垂直分割布设

垂直分割布设又被称为屏风方式布设或按轴建布设。从里边加固，依次向前推进。

参考 :《钢构件布设工程的施工指南》建筑业协会 / 编（鹿岛出版社）

连接

· 焊接连接

焊接连接在钢结构加工厂中广泛使用，焊接自动化和焊接机器人的技术也日益成熟。在施工现场，因作业条件（气象、操作姿势、脚手架等）受到很多因素的制约，所以大部分连接采用高强螺栓连接。焊接主要用于柱与柱之间的连接。

焊接前要先进行焊接面形状确认、修正、清扫。除此之外，还要确认作业脚手架安全可靠、防风装置就位有效。另外，气温低或有湿气时，一般需要预热（事先加热焊接点和焊材，防止焊接点金属快速冷却）。焊接后要进行外观检查及超声波探伤检查，有缺陷的地方必须及时修补。照片 1、2 是现场焊接时的施工状态。

· 高强螺栓连接

高强螺栓连接技术于20世纪50年代后期，从美国、德国引进到日本，经过消化吸收，那之后成为钢筋施工现场连接的主流（照片3、4）。连接方式有摩擦型连接、张拉型连接、承压型连接三种类型。因为摩擦型连接占大多数，所以认为高强螺栓连接=摩擦型连接，也是可以的。摩擦连接剪力（F）可以由以下公式获得。

$$F = n \cdot \mu \cdot N$$

n——摩擦面的数量

μ——滑动系数（与摩擦系数相同）

N——紧固力（螺栓的紧固力）

▲ 照片1、2

焊接连接的施工情况

焊接主要用于柱与柱的连接。

▲ 照片3、4

高强螺栓连接的施工情况

成为现在钢结构工程现场连接的主流。

高强螺栓摩擦型连接中最重要的问题是确保摩擦面的良好状态（摩擦系数为 0.45 以上的粗糙表面）和达到标准紧固力。

另外，高强螺栓使用 JIS 高强螺栓（照片 5）和 1965 年在日本发明的扭剪型高强螺栓（照片 6）。尤其是这种扭剪型高强螺栓，因其安装方法合理、安装用力准确并且后期管理维护容易，多用在包括超高层建筑在内的几乎所有建筑物上。不光是日本，现在全世界都在广泛使用这种技术。

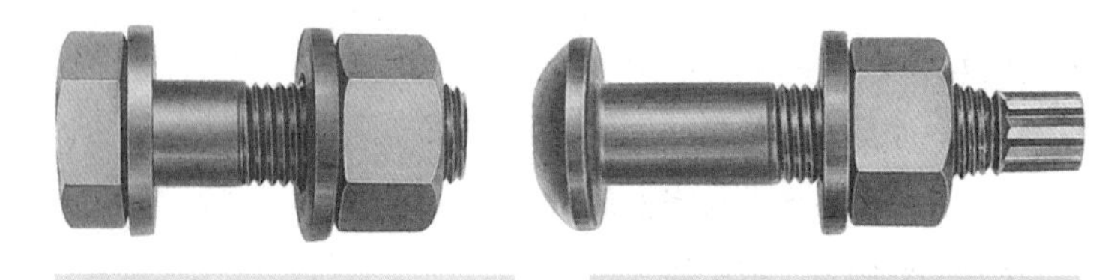

▲ 照片 5　JIS 高强螺栓

▲ 照片 6　扭剪型高强螺栓

照片提供：NS Bolten

钢结构防火涂料工程

钢结构弱点之一是不耐火。钢是由铁矿石高温熔炼得到的。达到温度 540℃以上时，即使不融化，钢的性质也会发生改变，强度变弱，失去承载能力。因此，为了使钢结构变成防火构件，必须在构件上喷涂防火涂料，以防火灾时构件快速升温。当然，在施工中也有可能出现火灾，所以要尽早进行防火涂料施工。

需要进行防火涂料施工的柱、梁、墙壁等部位，根据通常遇到火灾时需要耐受的加热时间（3h、2h、1h、30min），对其防火时间按照不同楼层和部位进行设定（表 1）。

以前的防火喷涂材料，主要是石棉系列材料（喷涂石棉、石棉硅酸钙板等），因其隔热性、操作性优良而被广泛使用。但是由于环保原因现在已经被禁止使用了。现在使用的施工方法主要有 4 种，各自使用的材料和特征见表 2 所示。照片 7 是防火喷涂工程的实际施工情况。

▼ **表 1** N 层建筑防火构件所必需的防火时间

层数	柱、梁	楼板、墙壁	非承重外墙
（N）层～（N-4）层	1h	1h	30min
（N-5）层～（N-14）层	2h	2h	30min
（N-15）层～最下层	3h	2h	30min

▼ **表 2** 主要防火喷涂施工方法的材料和特征

施工方法	材料	特征
手动施工法	·混凝土 ·气泡混凝土	·可应对复杂形状 ·施工效率低
喷涂法	·喷涂岩棉 ·轻质水泥砂浆	·可应对复杂形状 ·多产生残料
张贴成形板法	·混合纤维硅酸钙板 ·ALC 板	·可起到装饰作用 ·细部施工很难
合成法	·ALC 板 + 喷涂岩棉	·多用于柱、梁

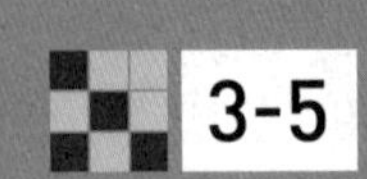

3-5 外部装修和内部装修的施工过程
——幕墙、顶棚和地板如何建造?

在建筑中属于收尾工程的数目繁多，分得很细。在此我们假定某一超高层建筑的标准楼层，对其外部装修收尾工程的外装修幕墙安装工程和作为其内部装修收尾工程的集成吊顶工程和活动地板工程，进行一下简单说明。

外装修幕墙安装工程

超高层建筑的外部装修，在没有脚手架的地方，是怎样完成的？大家有没有觉得不可思议呢？有这样的疑问是很正常的，因为在超高层建筑上从地面安装连续的外部脚手架是不可能的。因此，超高层建筑的外部装修使用在工厂制作好的外装饰用混凝土面板或者金属面板，不需要修建脚手架，使用塔式起重机将材料吊装上去就能进行安装（照片 1）。

外部装修主要是用塔式起重机来进行吊装的，因此，可以与前边所述的主体工程（柱、梁、墙壁、楼板等构件的施工工程）同时进行，能够确保后续的内部装修收尾工程、设备工程拥有不被气象条件所左右的作业空间。超高层建筑施工时，外观看起来好像是逐层完成，就是因为采用了这样的施工方法。

图 1 所示是使用塔式起重机将外部装修预制混凝土面板同时吊起 4 块，按顺序将每一块预制混凝土面板安装上去时的状态。

▲ **照片 1**　塔式起重机

超高层建筑建造中不可或缺的机械。建造大型超高层建筑时，可同时有几台塔式起重机在施工现场进行作业。

照片提供：IHI

集成吊顶工程

超高层建筑的写字楼区域的顶棚，主要采用将吊杆螺栓、轻钢龙骨、顶棚装饰板系统化的集成吊顶。这种集成吊顶在 1978 年发生的宫城县近海地震中，发生了吊顶大幅度摇晃并多数下落的事故。那以后，通过在吊杆螺栓的中间安装支架，使其抗震性得到了改善。

活动地板工程

近年来，办公业务对计算机的依赖性日益增强，现在是人手一台计算机的时代。活动地板因其可收纳电力、通信配线及空调设备等，并能够简单在地板下进行配线作业而广泛使用。活动地板有几种类型，大体可分为图 2 所示的支柱调整型和铺设型两种。两种都是将产品由工厂搬运到作业现场，在施工现场组装铺设，因此为缩短工期做出了贡献。

◄ 图 1
外装饰幕墙安装工程

面板安装的时候，塔式起重机的载荷不断从 4 块面板变成 3 块面板，3 块面板变成 2 块面板，再从 2 块面板变成 1 块面板，载荷的平衡不断被打破，这时就需要调整塔式起重机的配重附件，使其保持载荷的平衡状态进行施工。

参考:《近代建筑 2003 年 5 月号》（近代建筑社）

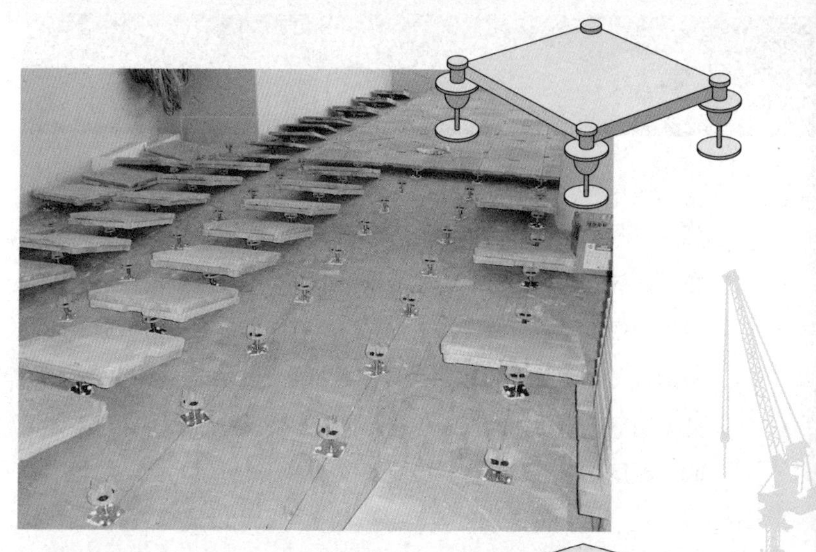

▲ 图 2 活动地板工程

上图为支柱调整型，下图为铺设型。

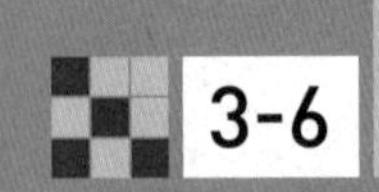

3-6 设备工程
——人们居住时不可或缺的工程

当大家听到设备工程这个词时，首先想到的是什么？电梯工程？空调工程？卫生间工程？你说得对。将赋予建筑物生命的能源或系统安装到建筑上的就是设备工程。电气设备工程、给排水卫生设备工程、空调设备工程等，所有的设备工程由负责不同设备的设备施工公司，按照设计图做出施工工程表、施工计划书、施工图等，然后在大型总承包建设公司的整体管理下，与主体工程、收尾工程一起并行开展施工作业。

在这里我们选取离我们最近的，可以比喻成建筑的“血管”的给排水卫生设备工程来介绍一下设备工程中最核心的配管工程吧。

给排水卫生设备工程

一般来说，超高层建筑的给水，首先在蓄水池中放置相当半天用水程度的水量，用水泵将水泵到高置水箱里，再由高置水箱向各个地方供水（图 1）。

在超高层建筑中，为了防止水压过高，按高度进行不同设置，在中间层也设置几个高置水箱。因为在发生灾害时也需要持续工作，所以在有较高安全性的建筑物里，要能够储存足够三天使用的水量，需要大体积的蓄水池。

对于排水，因为水在立管中流落的时候压力会变大，因此每隔一定数量的楼层要设置通气管。像这样在现场进行的给排水卫

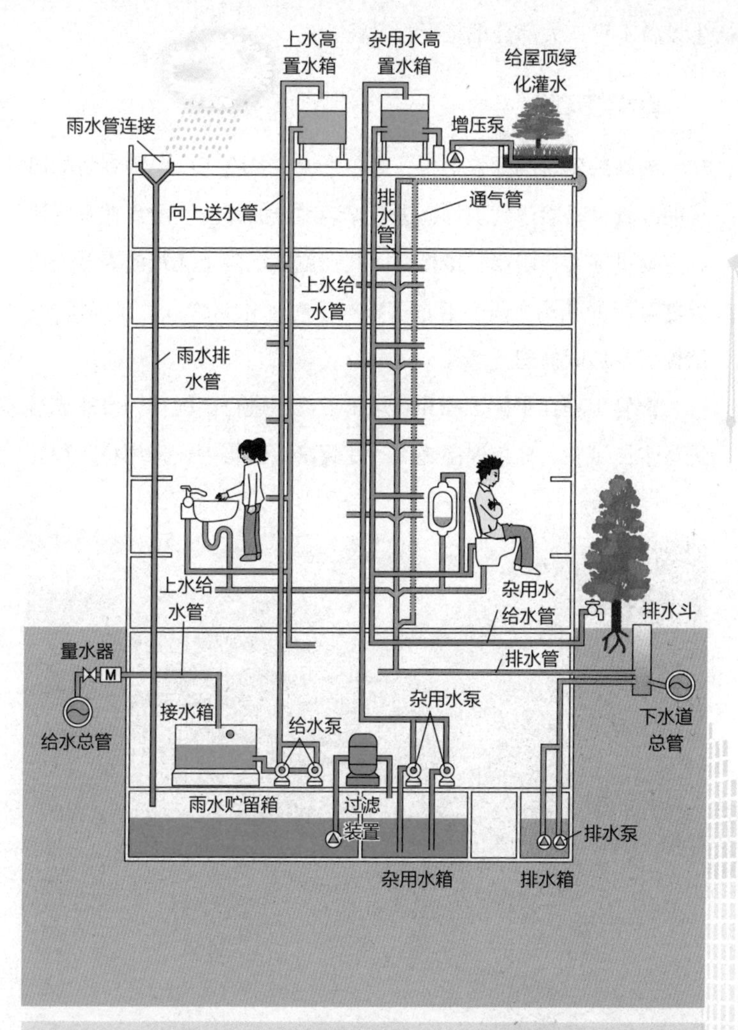

▲ **图 1**　建筑物给排水卫生设备的结构

通常给水是将水一次性泵到屋顶，再利用重力使其稳定供给。雨水也可作为杂用水。

参考:《环境和空气 · 水 · 热》(空气调和 · 卫生工学会)

生设备工程，大部分都是配管工程。

配管工程

超高层建筑的配管工程，简单来说，是将工厂中预制装配加工的配管材料搬运到现场，进行安装铺设的作业。配管在有些地方需要贯穿梁、墙壁、楼板，因此在主体混凝土浇筑前要事先留出配管用的孔洞。需要通过多根配管时，孔洞的直径还要增大，结构需要加固处理（照片）。

配管工程在主体工程和收尾工程之间进行。配管铺设完成后进行水压试验、外包保温施工。在超高层建筑中，采用将几种立

▲ **照片** 配管贯通钢梁加固

因配管贯通钢梁，因此需要加固。

管按1、2层楼高或3层楼高的长度组合的立管组合施工法。

另外，配管贯穿地下外墙时，有可能发生由于地基下沉等原因对配管施加作用力而导致其被切断的情况。在这样可预测相对变形的地方，可安装可挠性配管（即使弯曲也不会折断的配管）和可以吸收变形的接头（图2）。

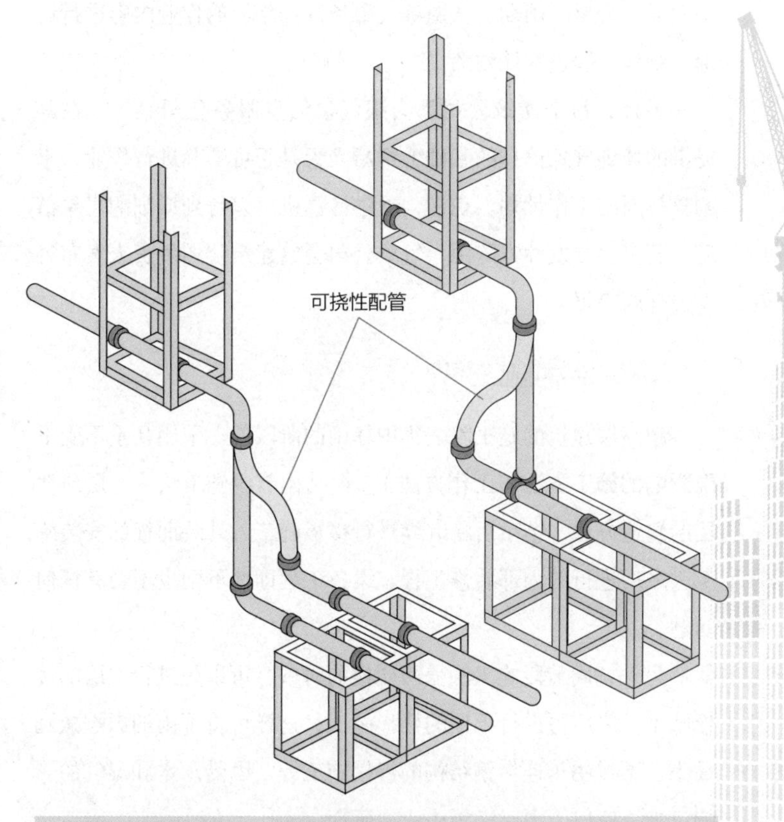

▲ 图2 可挠性配管

即使因地震发生左右前后摇晃也不会损坏的配管，用树脂、橡胶等制成。

3-7 建筑施工与天气的关系
——不大的雨和风对施工没有影响

建筑施工在室外，因此完全受到天气的影响。但是，不能因为恶劣天气多就推迟竣工。因此，在工程计划阶段就要针对春季大风、台风、雨期、气温等气象条件和相应的作业内容进行讨论，制作工程进度计划图。

另外，每个建筑公司都会跟气象信息服务公司签约，在其提供的详细气象信息的基础上判断当天是否可顺利进行作业，来调整一周的工作计划。现在，通过计算机可以得到详细的气象信息。若多发突发性强阵雨，气象公司会给建筑公司负责人发布突发强阵雨警报。

下雨天也能施工吗?

超高层建筑的施工除去集中暴雨的阶段外，采用几乎不受下雨影响的施工方法（工作方法）。钢结构节段施工法（一层或两层的建造方法）结束后将继续进行楼板施工、外装面板的安装施工。之后进行的内部装修工程、设备工程即使下雨也不会有任何问题。

另外，用节段施工法盖两层楼的时候，可以先进行上层的楼板施工，之后再进行下层的楼板施工，这样可将下雨的影响减到最小。不过用于连接钢结构的焊接施工等，因受雨水和湿气的影响过大，所以下雨时必须中止、延期。

刮大风的日子也能施工吗？

超高层建筑的上层，风的强度比地表强，因此比一般建筑施工要更加谨慎地对待刮风状况。尤其是用塔式起重机吊装材料的时候，材料遭遇强风有可能发生坠落，因此，在塔式起重机顶部安装风速计，随时确认风速。针对不同风速有相应的作业方针，通常当风速达到 10m/s 以上时，作业将终止。除此之外，易受风影响的作业，例如连接钢结构的焊接作业，即使风速在 10m/s 以下，但因为焊接时风大，保护焊接金属的保护气体容易发生逸散，会导致焊接部位产生缺陷，所以需要安装防风设备进行焊接。

台风的时候怎么办？

在施工过程中，搭建的钢结构即使是预装状态也要满足耐台风的要求。但是，当预计台风临近时，施工中断的同时也会采取各种对策。塔式起重机为了不受到大的风压，会将相当于“胳膊”的动臂放下，让其自由旋转，以此将风压的影响减到最小。

不过最近很多施工现场会安排几台塔式起重机同时工作，动臂自由旋转的话，多台塔式起重机的动臂之间容易发生碰撞。为防止碰撞发生，可以采取各塔式起重机动臂上下交错的方法，让动臂自由旋转或固定旋转。还有其他对策，比如将预设的薄板类去掉，或者将放置在楼板上的物品加强固定等。

第4章

超高层建筑施工必备的机械设备

过去，人们依靠人力或动物的力量、自然的力量将建造高层建筑物的木材、石材搬运至水平或垂直的方向上。但是，现在我们可以使用各种各样的机械设备了。在本章中，我们依次看一下移动物体、挖掘、测量长度和角度等的机械设备吧。

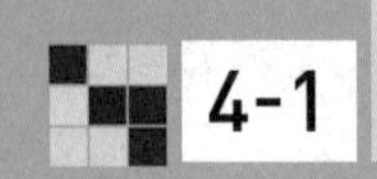

4-1 移动物体所需的机械设备
——吊装机械、搬运机械

公元前2500年左右建造的金字塔群，其雄伟和建造的规律性令人吃惊。其中最大的胡夫金字塔高达147m，与在日本建造的第一座超高层建筑霞关大厦几乎相同高度。数以百万计的巨大石块全部由人力搬运建造。那么当时的人们到底如何将巨大的石块搬运到高处的呢？答案是利用斜坡。建造像图1所示的缓慢的斜坡，将石块装到橇上，依靠人力来牵拉。在斜坡上建造相当于轨道的装置，在它的上面涂上油让橇更加顺滑。

关于斜坡的布局尚未明确。有直线、沿金字塔外部呈螺旋状、在金字塔内部修建螺旋状隧道等几种说法。

在7世纪初建造的日本最古老的木质结构建筑法隆寺五重塔中，搬运贯穿塔中心的心柱时使用了滚木。滚木是将粗的圆木头并排摆放，将想要运送的物品放在上边，依靠圆木的滚动将物品搬运到指定的位置，然后使用三角提升架依靠人力将心柱立起。

15世纪在意大利佛罗伦萨建造的圣母百花大教堂的穹顶（照片1）时，为了将石材等搬运到高处，使用了建筑家菲利波·布鲁内列斯基发明的布鲁内列斯基起重机，使用马的力量驱动齿轮和滑轮，大幅度增加了提升效果（图2）。

代表性的现代建筑机械

20世纪30年代在美国曼哈顿，超高层建筑相继建成。其代表性建筑是1931年建成的，高为381m，地上102层，地下2层

▲ 图 1　斜坡的结构

为了将巨大的石块搬运到高处使用斜坡。

参考:《痛快！金字塔学》吉村作治 / 著（集英社国际）

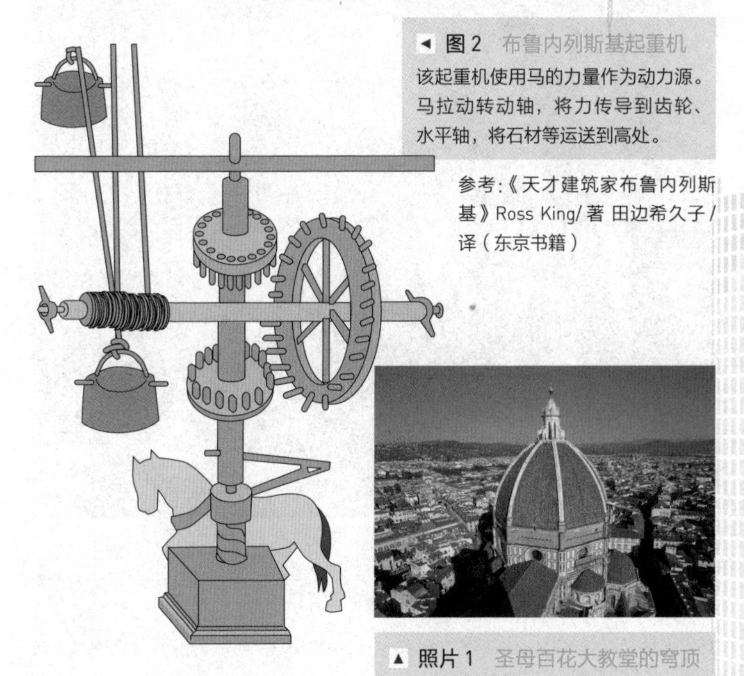

◀ 图 2　布鲁内列斯基起重机

该起重机使用马的力量作为动力源。马拉动转动轴，将力传导到齿轮、水平轴，将石材等运送到高处。

参考:《天才建筑家布鲁内列斯基》Ross King/ 著 田边希久子 / 译（东京书籍）

▲ 照片 1　圣母百花大教堂的穹顶

的帝国大厦。从建成之日开始傲居世界第一位将近 40 年，成为纽约的代名词，出现在了以《金刚》为代表的数量众多的电影中。帝国大厦的建造使用了以桅杆式起重机为代表的很多建筑机械，仅仅用半年时间就完成了 102 层建筑的钢结构施工。即使现在这也是令人吃惊的建造速度。照片 2 所示是建造钢结构时的情况。

▲ **照片 2** 建造钢结构时的情况

仅在这张照片中就可以看到 5 台桅杆式起重机在工作。

照片提供：Miriam 和 Ira D. 瓦拉赫艺术品、印刷品和照片部分（纽约公共图书馆，阿斯特、莱努克斯和蒂尔登基金会的摄影收藏）

在现在建造超高层建筑的过程中，卡车、台车、输送机等是搬运的主角。吊装货物的任务，在地下施工、低楼层施工中主要使用移动式起重机，在高楼层施工中采用塔式起重机或施工升降机（照片 3）、混凝土泵等。

◀ 照片 3
施工升降机

用于建造超高层建筑的施工升降机。照片是萨诺亚斯 · 希西诺 · 明昌的“HCE-2000BL”。

照片提供：伊斯特克（Eastech）

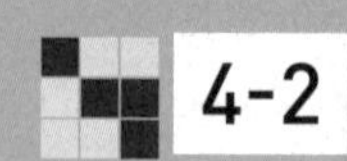

4-2 建筑施工所需的挖掘设备
——挖掘机械等

人类的原始住宅大多是横穴式或竖穴式。建造这些住宅时，将木材或石料加工成挖掘洞穴的工具，这些加工过的木材或石材在各地的居住遗址都被挖掘发现过。后来人们开始使用钢铁制成的可以称为是现在的十字镐、铁锹等的原始型的工具，用它们在地面上挖掘洞穴，建造空间。挖出的土由人力使用土筐进行搬运。这些工具在农业、林业、矿业等领域被一边使用一边改进，最终形成了现在的设备。

近年来，因为在大型楼体建造中需要进行大规模的地下施工，因此，挖掘机械变得大型化、高性能化。进行有平面面积的挖掘施工时，要将土粉碎、装起、夹起，使用液压控制的反铲挖掘机或利用抓斗自重的抓斗挖掘机等挖掘机械。

挖出的土用带式输送机或翻斗车向外运送。挖掘坚硬的地基时，使用液压控制的螺旋钻机将土粉碎，配合使用喷水器来粉碎岩石。

挖柱状洞时，除使用旋挖钻机（照片）之外，还使用装配吊桶或钻头的挖掘机。作为机械挖掘作业的主要施工法有全套管钻机施工法、旋挖钻机施工法、钻机施工法等。

另外，下页图是最近开发的施工方法——不只为了增加拉伸支撑力，也可同时增加拉伸抵抗力而发明的多段扩径打桩施工法。

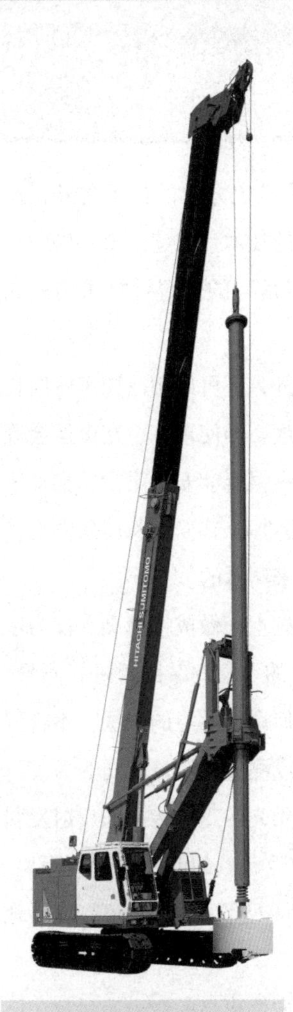

▲ **照片**　旋挖钻机

挖柱状洞时使用的机械。照片中的机械最大可挖掘深度为 42.5m。

照片提供：日立住友重机械建机起重机株式会社

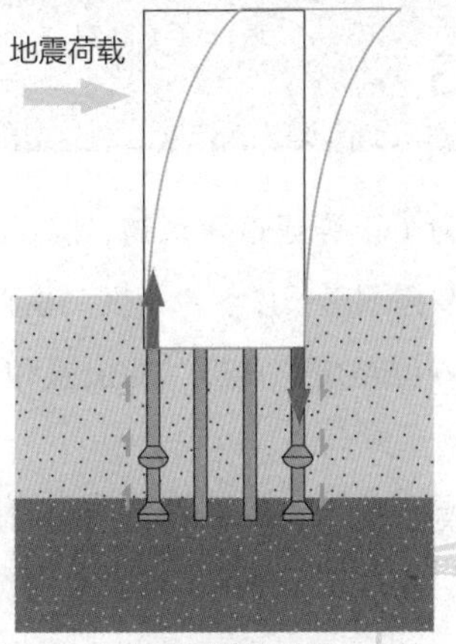

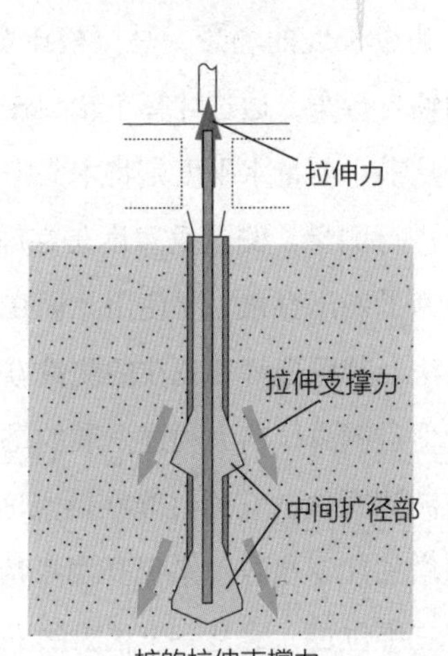

▲ **图**　多段扩径打桩施工法

在桩中间造出多个叫作中间扩径部的圆锥状的“节”，使桩体始终不易脱出的施工法。

参考：竹中工务店网站

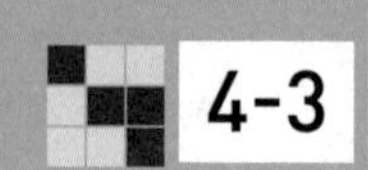

4-3 测量长度和角度的机械设备
——测量仪器

为了正确建造建筑物，除了掌握确定方位的技术之外，还需要掌握测量长度、水平度、垂直度的技术。在建造金字塔的时代，方位是用“日出”的位置和“日落”的位置计算求出南北轴的。

测量物体的长度，除了使用绳子外，还可以用已知车轮周长的车，通过车轮滚动的圈数来计算长度。即使现在，在奥运会等陆上竞技运动中，还经常可以看到在一根棍前安装滚轮，推动滚轮来测量长度的场景。马拉松比赛测量 42.195 千米时据说是使用两辆自行车，通过计算车轮旋转数来测量的。

从前，测量水平度是将木头中间挖空，做成槽填满水作为水平仪进行测量。测量垂直度是在绳子的一端安装配重进行测量。另外为了做出直角，要使用我们在几何课上学习的方法。不管哪种方法，其原理都和现在的测量方法或测量仪器是相同的。

促进测量仪器大幅度发展的是利用光的直线传播和反射发明的光波测距仪。它通过光在两点间往返花费的时间来计算距离，通过增加往返次数，来提高测量精度（见下页图），可以容易地确定三维位置，这是一个很大的进步。

在超高层建筑的建造中，使用指向性更高的激光测量仪（照片）。激光测量仪可以同时测量长度、水平度和垂直度。另外，也可以对钢结构搭建的精度进行调整。

断续地送光

不送光部分　送光部分

光的记号

光波收发器　光速（c）　反射镜

欲测距离（L）

▲ 图　光波测距仪的原理

光以 0.5×10^{-6}s 往返的话，距离（L）= 光速（c）× 往返时间（T）÷ 2= [299792.5（km/s）× 0.5 × 0.000001（s）] ÷ 2 ≈ 74.95m

参考：《建筑 · 土木的结构》大成建设技术开发部 / 编（日本实业出版社）

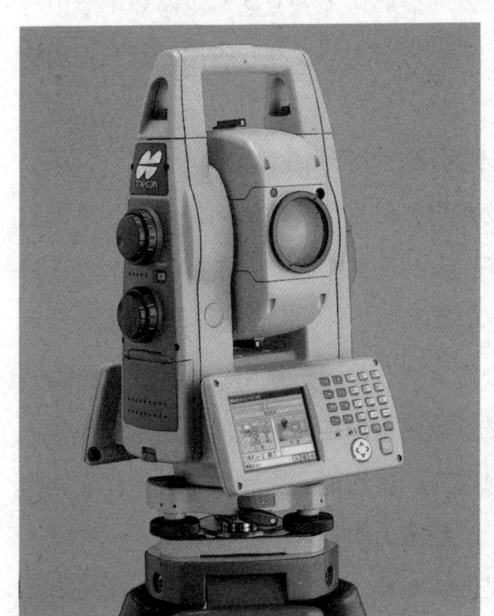

◀ 照片　激光测量仪

“GPT-9000AC”系列。在超高层建筑的施工现场，使用指向性更高的激光测量仪。

照片提供：Topcon

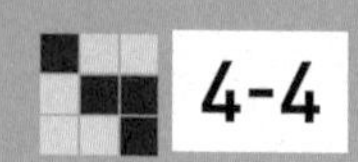

4-4 建筑用机器人
——少子老龄化的时代需求高涨

日本从1991年至2000年的建设投资（民间投资与政府投资）合计达到了770兆日元，建筑行业进入了繁忙时期。高峰是1992年的84兆日元。不过建筑行业被称为“3K行业”——艰苦、肮脏、危险的行业，发展前景并不被看好。后来为了摆脱落后局面，以大型建设公司为中心的建筑业努力提高建筑施工现场的生产能力，改善作业环境。致力于进行施工操作机械化、自动化的研究和开发。

建筑用机器人作业空间环境复杂，要进行水平或垂直移动，并与工人协同工作，要满足这些要求，在开发时面临着技术性困难。但是通过努力，在各方面都取得了相应的成果。在本节中将介绍以高层建筑为对象，主要针对主体工程、收尾工程开发的建筑用机器人（照片1~7）。

进入21世纪后，日本的建设投资相比高峰时期下跌至60%。所以虽然注入了大笔开发费用，但是这些建筑用机器人几乎没能进入建筑生产系统，成了白白开发的摆设。建筑用机器人几乎没有投入实际使用的原因有如下几点。

第一点，大型建筑公司虽然开发了建筑用机器人，但是建筑施工现场实际作业者还是专业建筑施工人员，所以是由专业施工人员购买或租赁建筑用机器人。虽然能省力和回避危险作业，但并不能给专业施工人员带来经济上的好处。

第二点，因建筑施工的特殊性，即使实现自动化也依然有必

各种各样的建筑用机器人

◀ 照片 1

重型钢筋配筋机器人

一次可以搭载 20 根每根重 100kg 的钢筋，按指定间隔自动配筋。机器人可以在钢筋上部行走。可用在原子能发电站等工程施工中，实现省力和缩短工期。

照片提供：鹿岛建设

► 照片 2

重型建材搬运机器人

安装外墙材料、间壁墙、模板、钢材、设备材料、玻璃等，通过替换配件可以搬运各种建材。其定位精度高，因此可以达到提高施工品质和省力的效果。可搬运的重量也大。

参考：《Kajima MONTHLY REPORT DIGEST》(1995 年 3 月)

照片提供：鹿岛建设

◀ 照片 3 外壁涂装机器人

能够喷涂外部墙壁的机器人。

照片提供：大成建设

须需要技术工匠参与的部分，不能完全节省人力，反而会提高成本，这样的情况很多。

第三点，机器人开发竞争不断扩大导致开发公司开发的机器人成为开发公司所独享的机器人，但使用机器人进行的施工工序各不相同，专业施工人员必须根据施工内容选择不同的机器人，导致施工变得更加繁琐。

虽然现在机器人应用并不活跃，但在少子老龄化严重的日本，一定会有建筑用机器人在施工现场大展宏图的一天的。因此关于机器人的开发和研究必须要坚持进行下去。

另外，关于建筑生产技术的研究和开发，不能各自独立进行，应有统一的行业标准。只有在这种前提下，开发的机器人适用的项目才能增多，才能与专业施工人员协调，也才能避免研究开发的重复投入。

◀ 照片 4

能够进行防火喷涂的机器人

可以支承沉重的喷管进行作业，因此可以解放人手。

照片提供：清水建设

◀ 照片 5

平整混凝土楼板的机器人

被称为“抹灰定厚板条机器人”，能够平整混凝土，进行混凝土收面。

照片提供：竹中工务店

▶ 照片 6

外墙瓷砖诊断机器人

被叫作“检查虫”，从屋顶栏杆上垂下两根钢索，边工作边升降，每小时可诊断 $60m^2$，与使用人力进行的诊断效率几乎相同。

照片提供：大林组

◀ 照片 7

混凝土楼板抹灰机器人

被称为“抹灰机器人”，有四个抹子一边翻转一边完成混凝土楼板抹灰的工作。如果事先设定好作业范围的话，机器人可以自动工作。

照片提供：竹中工务店

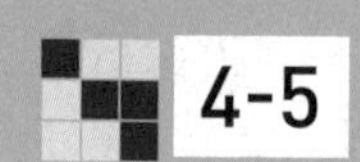

4-5 大展身手的塔式起重机
——安全使用多台大小各异的起重机

起重机在土木、建筑、港湾等诸多方面广泛使用。如下页表所示可将起重机进行分类。在超高层建筑中大展身手的塔式起重机，是悬臂起重机的一种。塔式起重机是1960年左右从欧洲引进日本的新型起重机。随着建筑物的大型化和高层化，塔式起重机也逐渐变得大型化、高性能化，成为今天的样子。

塔式起重机的起重能力用起重量 W 和悬臂的水平距离 L 的乘积 $W \times L$ 表示（见112页图）。例如某塔式起重机的起重能力为200tm，其悬臂的水平距离 L 为20m时，这台塔式起重机能吊起10t的重物。另外，如果起重能力是900tm，就意味着悬臂的水平距离 L 为30m时，这台塔式起重机能吊起30t的重物。

20世纪80年代，高层建筑、超高层建筑施工时主要使用200tm、400tm的塔式起重机。1991年竣工的高度为243m的新东京都厅舍施工时使用了4台900tm的塔式起重机。即使到今天其296m的高度也傲居日本第一、于1993年竣工的横滨地标大厦，在施工时使用了日本起重能力最强的1500tm的塔式起重机。

另外，在2003年竣工的高度为238m的六本木新城森大厦施工时使用了2台1500tm的大型塔式起重机和4台200tm的中型塔式起重机（照片）。随着超高层建筑的规模变大，工期变短，需要将大型起重机、中型起重机高效率地进行组合，同时使用多台起重机。

▼ 表 在建筑施工中主要使用的起重机种类

大分类	中分类	小分类	主要用途
悬臂起重机	塔式起重机	倾斜悬臂起重机	高层、超高层建筑物的钢结构的吊装
		水平悬臂起重机	
	立柱式起重机	倾斜悬臂起重机	塔式起重机的拆卸等
桥式起重机	门式起重机		钢筋厂、PCa 板制造厂
移动式起重机	可走公路	汽车起重机（驾驶室分离）	大型机、高层建筑的钢构件、PCa 板等的吊装
		越野起重机（驾驶室同一）	大中小型机各种吊装
	不可走公路	履带式起重机	挖掘、基础工程

这样的话，塔式起重机的作业范围必然会重合。因此，悬臂之间会有发生碰撞的危险。基于这种情况，开发出了防止碰撞控制系统。使用传感器、监控摄像头、计算机等来进行安全操作。

另外，在曾经是男权社会代表的建筑施工现场，如今也开始出现男女共同工作的情景。塔式起重机操作手里也出现了女性。建筑行业欢迎这种变化，正在改善塔式起重机操作室的操作环境。虽然目前塔式起重机女操作手仍是少数，但是她们正在各地大显身手。

▼ 图 什么是起重机的起重能力?

起重机的起重能力用 W（t）×L（m）来表示。
例如，起重能力为 200tm 的起重机
悬臂的水平距离 L 为 40m 时，这台塔式起重机能吊起 5t 的重物。
悬臂的水平距离 L 为 20m 时，这台塔式起重机能吊起 10t 的重物。

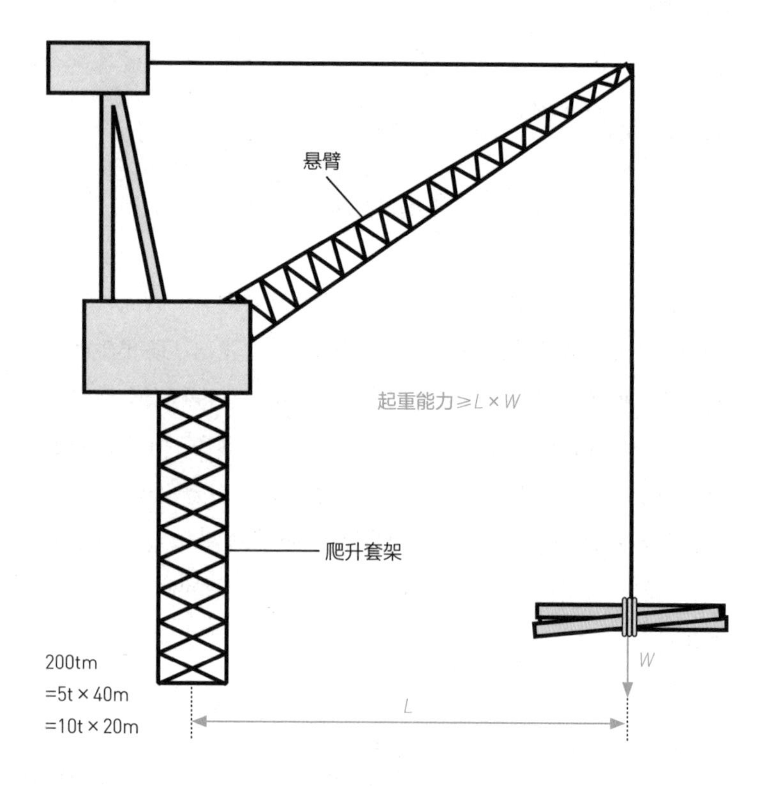

▲ **照片**　施工中的六本木新城森大厦

使用了 2 台日本起重能力最强的 1500tm 的大型塔式起重机和 4 台起重能力为 200tm 的中型塔式起重机。

照片提供：鹿岛建设

4-6 塔式起重机如何上山下山?——拆卸后用小型起重机运下来

在超高层建筑的施工现场大显身手的塔式起重机随着楼体逐渐升高，不知不觉也随之升到高处。然而，建筑施工一结束，不知何时塔式起重机就消失了。“咦？去哪儿了呢？”相信很多人都觉得不可思议吧。到目前为止，在我多次给高中生讲授建筑方面的课程时，这是经常被问到的问题之一。下面我们按照顺序来解释一下这个问题吧。请看 116 页的图 1、图 2。

在超高层建筑施工过程中使用的塔式起重机首先被安置在固定地点，然后将周围的钢构件吊起进行施工。达到一定高度后，塔式起重机自己向上方伸展，向上移动。

然后在下一个阶段，继续吊装钢构件等。像这样塔式起重机依次向上方伸展的作业过程叫作塔式起重机上山。

将塔身安装在周围的钢筋上，上部将爬升套架固定的同时下部用千斤顶向下压。在下部将爬升套架固定后，解开上部的固定，用千斤顶将爬升套架向上提起。通过反复这个过程，将爬升套架提升到所规定的高度。

接下来将爬升套架的下部固定到周围的钢筋上，在起重机塔身基础节下部将爬升套架固定，上部用千斤顶推上去。在上部固定爬升套架，将下部的固定松开，用千斤顶将下部拉上去。通过这样的反复，将塔身上升到套架上部安置好。到此结束起重机的上山作业，开始下一个阶段的钢筋等的吊装作业。

那么，当超高层建筑施工完成之后，该如何将塔式起重机拆卸呢？完成吊装作业之后，将塔式起重机拆卸撤离的过程叫作塔式起重机下山。

我们来看一下具体工序吧。把想要拆卸撤离的塔式起重机作为主体起重机。首先，用主体起重机将比主体起重机体型小的中型起重机 A 吊装到屋顶上。然后，用起重机 A 将主体起重机拆卸并吊装下来。接下来用起重机 A 将小型的起重机 B 吊装上屋顶。然后同样用起重机 B 将起重机 A 拆卸并吊装下来。在大型施工现场，可以增加更小型的起重机 C 将起重机 B 拆卸并吊装下来。最后将更小型起重机 C 在屋顶上拆卸后用施工升降机将其装载运下楼。到此结束拆卸撤离作业（照片）。

▲ **照片** 从屋顶看塔式起重机

建筑物施工完毕，塔式起重机被用更小型的起重机拆卸并吊装下来。

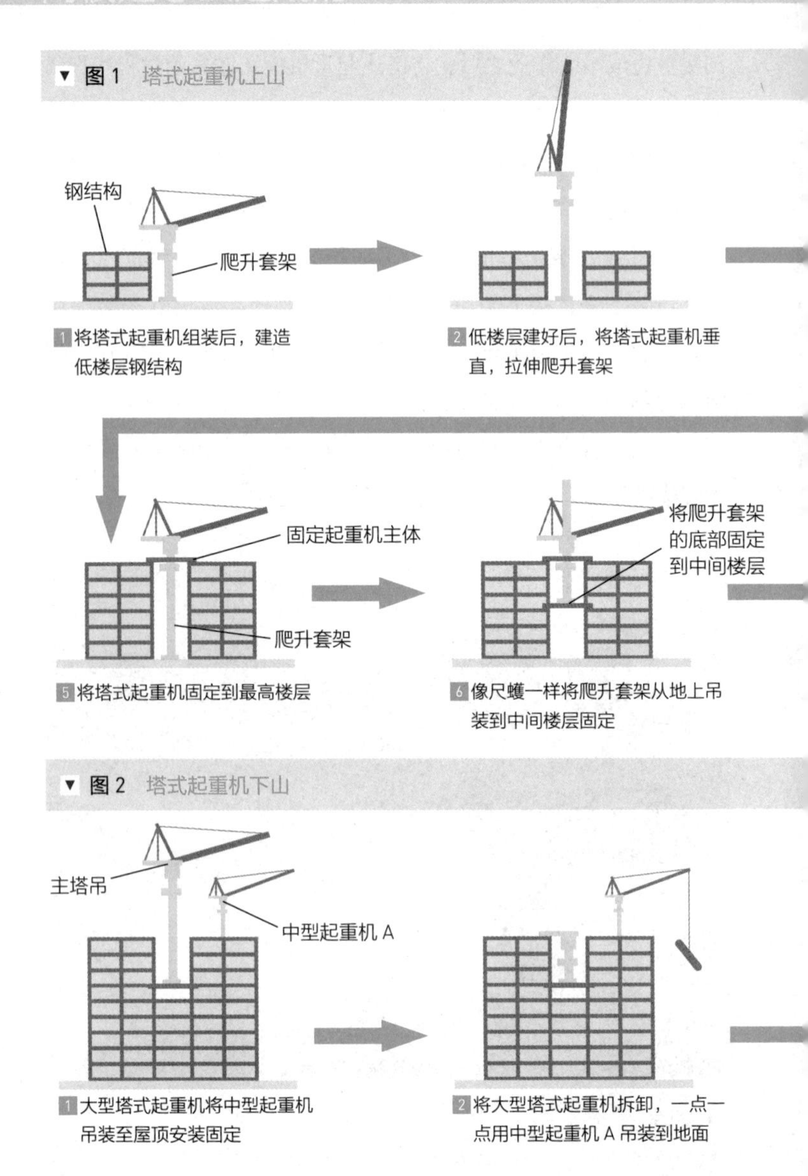
▼ 图 1 塔式起重机上山
钢结构
爬升套架
1 将塔式起重机组装后，建造低楼层钢结构
2 低楼层建好后，将塔式起重机垂直，拉伸爬升套架
固定起重机主体
爬升套架
5 将塔式起重机固定到最高楼层
将爬升套架的底部固定到中间楼层
6 像尺蠖一样将爬升套架从地上吊装到中间楼层固定
▼ 图 2 塔式起重机下山
主塔吊
中型起重机 A
1 大型塔式起重机将中型起重机吊装至屋顶安装固定
2 将大型塔式起重机拆卸，一点一点用中型起重机 A 吊装到地面

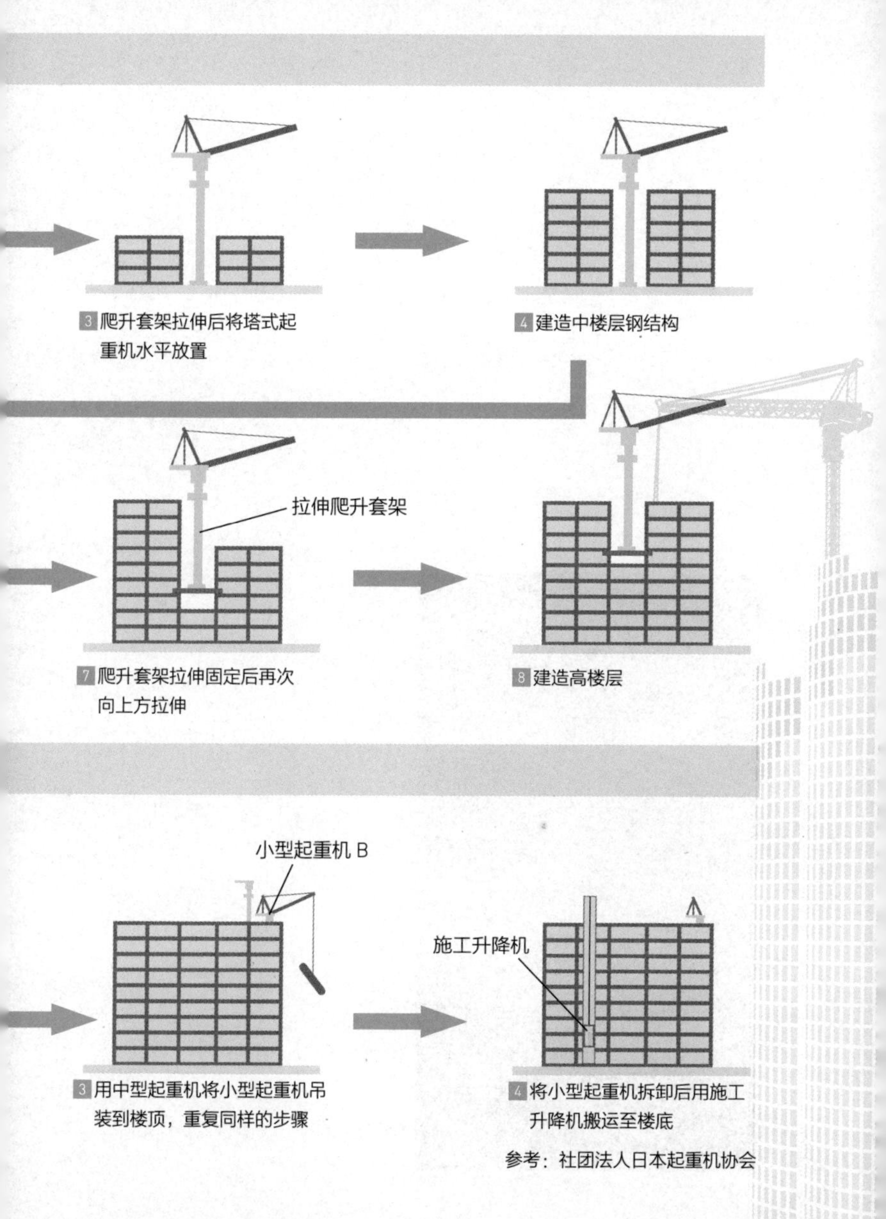

参考：社团法人日本起重机协会

第5章

增加超高层建筑舒适度的装置

超高层建筑不可或缺的设备有很多。有可以高速在楼层间移动的电梯、在不开窗的超高层建筑的密闭空间中换气的空调设备、饮用水的供给设备、生活排水的处理设备等，在本章中将揭秘这些设备。

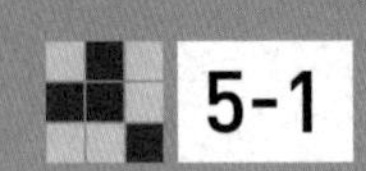

5-1 超高层建筑的电梯
——根据楼层分多部电梯组的理由

位于东京池袋的阳光 60 大厦的一楼只有走廊、电梯和扶梯，这是为什么呢？超高层建筑在结构上可以建造 2000m 以上的高度，但是实际利用建筑物的时候，不管去哪个楼层，都要从一楼进入建筑物乘坐电梯去往上面的楼层。

一楼因为汇聚了去往超高层建筑所有楼层的人，所以需要大量的电梯出入口。因此，阳光 60 大厦的一楼全部设计成电梯间和综合防灾中心（照片 1~ 照片 3）就是基于这种理由。另外，在四楼建造了从外边可以通过楼梯直接进入的人工平台，从四楼也可以乘坐电梯。

假设电梯上升一层需要 10s，那么上升 60 层需要 600s。也就是说，需要 10min。再加上实际生活中，还要加上人们上电梯和下电梯的时间，所以如果电梯每层都停的话，那么去往高楼层的人需要花费的时间过多，非常不便。

重要的是电梯的数量和速度

为了避免这种情况的发生，阳光 60 大厦的客用电梯根据去往楼层的不同分成 5 个不同的电梯组。

第 1 电梯组有 7 部电梯，从 1 层至 17 层每层都停。第 2 电梯组有 8 部电梯，从 16 层至 28 层每层都停。第 3 电梯组有 7 部电梯，从 28 层至 38 层每层都停。第 4 电梯组有 7 部电梯，从 38 层至 48 层每层都停。第 5 电梯组有 8 部电梯，是去往 48 层

◄ **照片 1**

阳光 60 大厦的电梯间

客用电梯共 37 部，分为 5 个电梯组。客货两用梯有 4 部（其中 2 部兼有紧急避难用途）。

► **照片 2**

阳光 60 大厦的综合防灾中心

位于一楼，守护设施的安全。

◄ **照片 3** 紧急电梯监视面板

位于综合防灾中心内，监视紧急电梯的动向。各电梯位于几楼可以一目了然。

摄影：小泽友幸

以上各层的专用电梯。5 个电梯组一共有 37 部电梯（见下页图）。

除此之外还有 4 部客货两用梯。这些电梯可承载重量 2t 以下的货物，从地下 2 层到 60 层，每层都停。而且，在发生火灾等非常时期也可正常运转。楼内除电梯之外，从地下 2 层到地上 4 层，有 10 部自动扶梯。

阳光 60 大厦的电梯速度最高可达每分钟 600m，换算成时速就是 36km/h。提升电梯速度，可以在一定时间内运送更多的人。去往阳光 60 大厦 60 楼展望台的直达电梯设定速度为不高于人从高处自然下落的速度。另外，中国台湾省台北 101 大楼装备的电梯，上行速度为每分钟 1010m（60.6km/h），是世界上行速度最快的电梯。而下行速度最快的电梯是日本横滨地标大厦装备的电梯，下行速度高达每分钟 750m（45km/h）。

除了阳光 60 大厦的电梯，还有其他特别的电梯，比如双层电梯，即将一楼和二楼做成同样的大堂，设计成电梯可同时停靠在一楼和二楼的双层模式，这样可以多少缓解一下拥挤的压力。

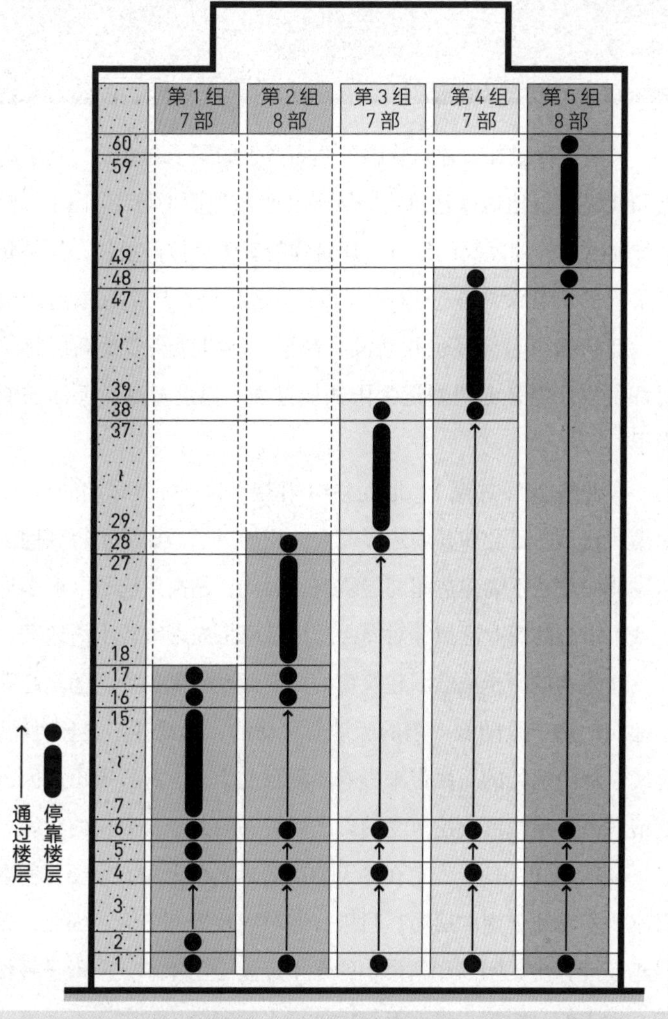

▲ **图** 阳光 60 大厦的电梯组图

直达高层的电梯，中间层不停。不这样的话，到达高层需要花费很长时间。

参考：阳光城网站

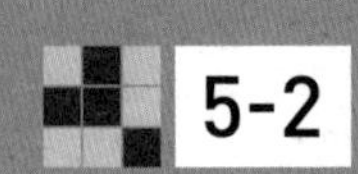

5-2 超高层建筑因日照而变热
——不能开窗的超高层建筑中空调不可或缺

随着纬度增加，建筑物因日照而产生的影子会变长，到了南极和北极等极地地区建筑物的影子几乎与地面平行（图 1）。而在像北欧这样纬度高的地方，建筑物的影子会拉得很长，如果介意采光的话就没法建造建筑物了。与之相反，在接近赤道的地方，建筑物再怎么高也几乎没有影子，所以建造多少高层建筑物都可以。但是赤道附近太阳光线过强，温度过高，反而需要影子。

在北纬 26°（冲绳）~ 北纬 43°（札幌）这一纬度区间的日本，超高层建筑一定会在其周边形成大面积的影子。如果不得到周围居民的同意就不能建造超高层建筑。因此，超高层建筑一般多见于城市中心的商业区域等对周边居民日照采光影响较小的地区。

建筑物的影子虽然因建筑物的高度而延伸到远处，但是超高层建筑的影子是随着太阳的运动而移动的，因此并不会长时间、连续性地给远处的居民带来影响。到目前为止，并没有出现因为建造超高层建筑形成建筑物的影子而带来的关于日照权的纠纷。

众所周知，日本住宅在冬天朝南的采光令人身心愉悦，所以日本人都喜欢朝南的房屋，讨厌日照时间较短的冬天。因此，在日本要计算出太阳高度角最小的冬至那天（一年中太阳影子最长的一天）的日影线，将建筑物设计成不管哪个房间每天一定有几个小时受到阳光的照射。

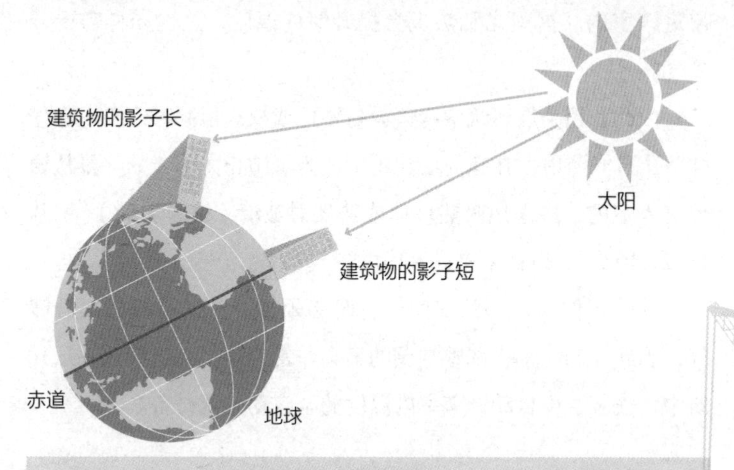

▲ 图 1　建筑物的影子因纬度不同而不同

纬度越高，建筑物的影子越长，对周围产生的影响越大。

对于超高层建筑来说空调设备是必备的

因日照超高层建筑可以在周边产生长影子，当然建筑本身也受到阳光照射。玻璃窗多的超高层建筑在有太阳的日子里从早到晚都会充分吸收太阳的光和热。因此，太阳高度角大的春天和秋天从窗户射入室内的阳光比夏天还要多。不开冷气的话，房间温度将达到 50℃以上。

而且，几乎所有的超高层建筑都设计成不可开窗的形式，这是因为高处风大，雨水会飘进室内。如果不小心开窗，强风会将室内物品吹得乱七八糟。因此，不能开窗的超高层建筑如果不开冷气的话，将会变成一个大温室。

还有，周边较低建筑物的房顶、道路反射的日光也会从窗户进入室内。这些光和热也会提升室内温度，这也同样需要开冷气。

因此在超高层建筑中冷气设备不可或缺。但同时还要考虑怎样防止日光照射。在超高层建筑中，为了防止太阳光的热量从窗户进入室内，多采用吸热玻璃或热反射玻璃（镀膜玻璃）（照片1、2，图2），以此来提高室内的冷气效率。

另外，位于外部的房间，有时必须开冷气，有时必须开暖气，因此人们经常去调整空调的话会非常麻烦。在近代超高层建筑中，安装了可自动调节室内温度的全自动空调设备。

▲ 照片1 吸热玻璃

吸收太阳光的热量，减少透过玻璃的热量。照片拍摄地点在日本长野县。

照片提供：日本板硝子网站

▲ 照片2

热反射玻璃（镀膜玻璃）

表面的金属氧化物薄膜可反射日光。照片拍摄地点在日本晴海（东京都）。

照片提供：日本板硝子网站

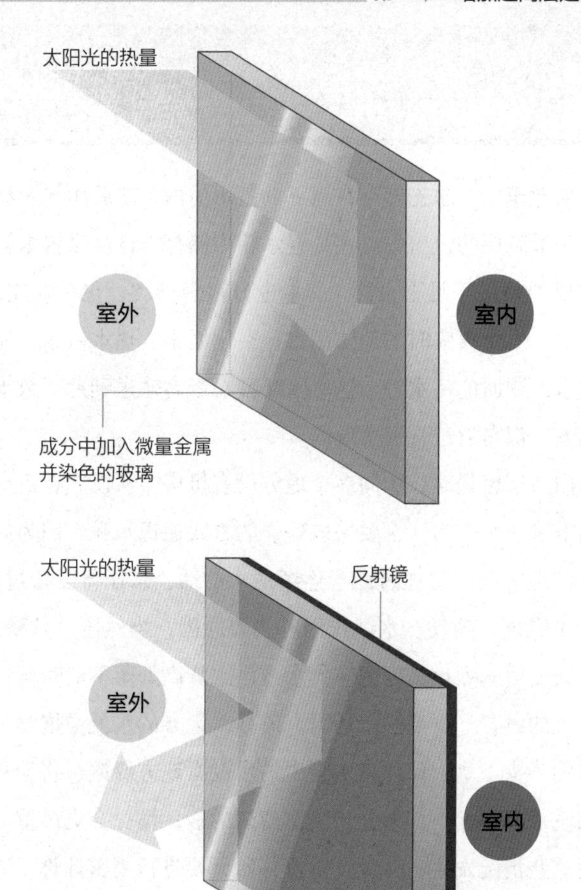

▲ 图 2　吸热玻璃和热反射玻璃的结构图

吸热玻璃是为了吸收太阳光的热量，在成分中少量添加铁、镍、钴等金属并染色的玻璃，以此来减少透过玻璃的热量。热反射玻璃是反射日光的玻璃。

参考：日本板硝子网站

5-3 向高层输送水的装置
——并不是说让水从上往下流就可以了

高层建筑中，水先储存在地下的蓄水池内，然后用水泵将水泵到位于最高层的机房中，在高置水箱中储存。再从高置水箱运送到需要的楼层（见下页图）。水也分很多种类，包括饮用水、生活用水、发生火灾时的消防用水、空调用水、热水供水、使用后的排水、厕所的污水等。这些水从数百米高输送到地下数十米深的地方，都是通过管道实现的。

水向下层输送时，中间多个地方设有机房，从设置在机房的水池向下输送水。为什么要采取这样的方式输送水呢？因为如果从过高的地方向下层通过配管连续送水的话，水压将变得过高，这是产生噪声、振动、水锤作用的主要原因，当然压力调整难、水流方式变化剧烈也是原因。排水或污水从高处落下的时候，会产生巨大的声音。下部的水还没有流尽，上方的水就像炮弹一样以猛烈的势头下落，那样排水管中的水没有地方躲避，将会从中间层的洗手间溢出。如果是超高层建筑的话，情况会更严重。为了避免这些情况发生，从设计阶段开始就要进行周密计算，决定好排水管、污水管的粗细，并安装排气管。

另外，建筑物上层一旦发生漏水事故，将会波及整个下面的楼层。因此要非常注意遍布建筑物各个角落的水的配管。

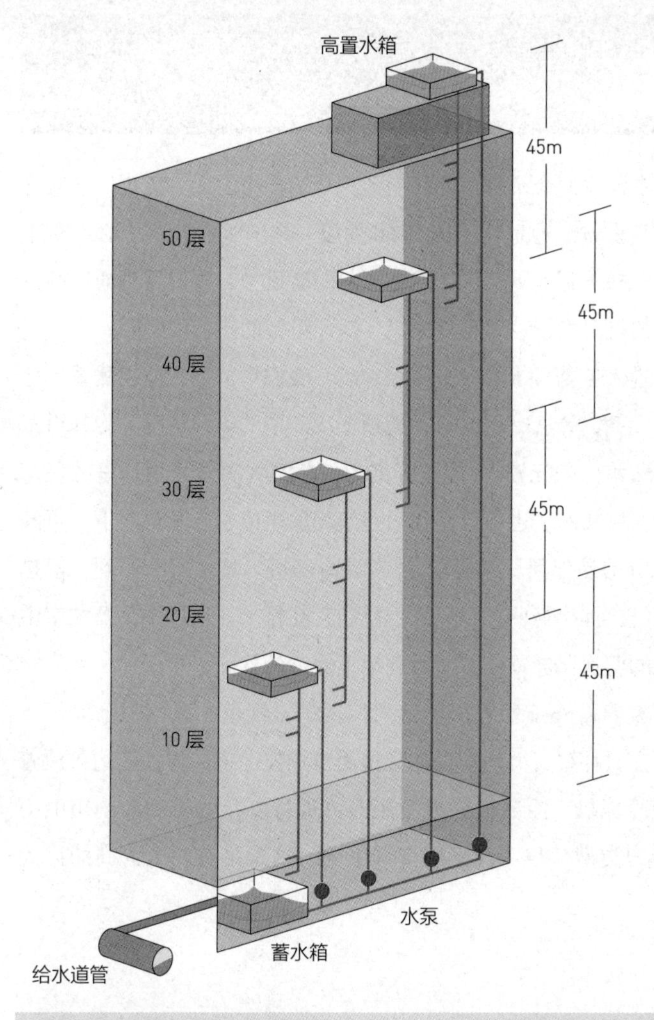

▲ 图　一般超高层建筑的水的流向

通过水泵输送到最上层的水并不是一下子落到下层，而是经由中间的诸多水箱逐渐向下输送。

参考：鹿岛建设网站

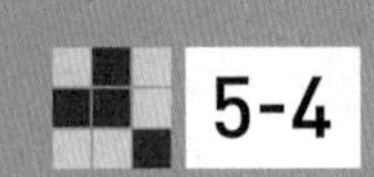

5-4 超高层建筑里的无名英雄
——创造舒适环境的冷暖气设备

本节我们介绍营造超高层建筑舒适环境的无名英雄，这就是冷暖气设备。通过位于阳光 60 大厦一楼的综合防灾中心，乘坐特别电梯下到地下三层，走在宽敞的通道中，可以看到通道两侧修建的机房里挂着大型冷冻机、锅炉设备的运行说明图。

进入玻璃房子的中央监控室后，我们可以通过监视器看到冷暖气设备、旁边中层建筑物楼顶上冷却塔的运行情况。冷却塔正冒着蒸汽。阳光 60 大厦这样庞大的建筑物整体是由这里的机房供冷、供热的，也可以向周边建筑物输送冷水和蒸汽。下一页的照片所示是分别从 4 楼和 60 楼看冷却塔。从 4 楼看不到，但是从 60 楼可以看到有大小 20 台风扇正在排热。通过中央监控室中其他的监视器屏幕还可以看到地下通道的状况。

玻璃窗外排列着很多台大型锅炉，红色、绿色的巨大管子上下左右环绕着。锅炉房的旁边是自用发电机，再往里边排放着大型冷冻机。冷冻机分成使用蒸汽进行制冷的类型和使用电力制冷的类型。与一般家用空调不同，这是足有两个人高的巨大机器。

从 4 楼看是看不到的……

从 60 楼展望台向下看到的冷却塔。大小 20 台风扇一边慢慢旋转，一边正在排热。
摄影：小泽友幸

▲ 照片　阳光 60 大厦的冷暖气设备

5-5 重要的楼体进出和交通
——交通不便的超高层建筑无法使用

超高层建筑从其规模来看会有大量的人进出，因此必须交通便利。想要在日本建造超高层建筑的契机就是要将原本铁路集中的东京站大厦重建。从这一点我们就可以知道，交通便利在超高层建筑的建造计划中是最重要的因素。

但是交通便利的地方，土地费用较高，并且找到大块地皮也非常困难。如果是离车站步行过远，必须要坐公交车或乘出租车才能到达的地方，人们就不会前往。这样就无法达到建造巨大的超高层建筑的目的，维持建筑物的经济条件也会变得不好。

日本的超高层建筑最初出现的大问题就是这个交通问题。对于每天都要使用建筑物的人们来说，交通的便利性和周围城市设施的不足是非常严重的问题。即便从远处眺望是非常出色的建筑，如果对于实际使用它的人们来说非常不便利的话，那也是不行的。现在车站周围已经被开发殆尽了，如果不能在车站周边建造超高层建筑的话，那么如何解决交通便利的问题将会成为今后建造超高层建筑时面临的关键性问题。

因此，我们考虑了各种各样的交通方式。例如，被称为自动人行道的传动带就是第一步。第一个引进自动人行道的是大阪阪急梅田车站（照片 1）。除此之外，新宿车站西口至副都心的自动人行道也非常有名。还有，在成田机场、羽田机场等地通往卫星式机场大楼的长距离通道（照片 2），以及商场、游乐园等地也有相同的设施。

▲ 照片 1　自动人行道

1967 年在日本，大阪阪急梅田车站第一次出现自动人行道。

◀ 照片 2

机场的自动人行道

在庞大的机场中，铺设自动人行道用来连接航站楼和卫星式机场大楼。

照片提供：吉田友和

第6章

守护超高层建筑安全的技术

大地震、大风、火灾是威胁超高层建筑使用者生命的代表性灾害。

超高层建筑中必须装配预防这些灾害的设备。

在本章中，我们来看一下守护超高层建筑安全的各种技术和设施吧。

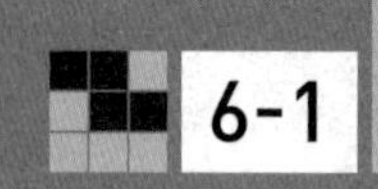

6-1 日本的地震对策：结构篇
——刚性结构和柔性结构，耐震·制震·免震

刚性结构和柔性结构的区别

在日本，关于刚性结构和柔性结构的讨论兴起于 1923 年发生的关东大地震后。刚性结构是指“对于作用在建筑物的地震荷载，通过建造有强度的、刚度高的框架或墙壁等来减少变形、防止破坏的结构”。与之相反，柔性结构是指“通过柔软的结构，将作用到建筑物的地震荷载吸收，以此防止建筑物破坏的结构”（图 1）。用更加简明易懂的语言解释就是，刚性结构采取的是以力对抗力的方法，柔性结构采取的是依靠摇晃吸收力或者说是“迎风柳”的方法。

这种讨论延续了十年，这期间日本经历了许多地震灾害。柔性结构论认为“为确保地震安全，应该延长建筑物的固有周期”，刚性结构论认为“应该提高建筑物的刚度和强度，以此来抵抗地震荷载”，我们将此称为“柔刚论战”。双方都是基于振动理论的主张，但是因当时地震记录并不充分，所以我们认为双方意见的分歧主要源于两者对地震动主要周期成分的判定不同。

在这期间也有过关于灵活运用柔性结构论的免震构造法。但是，当时因为日本“市街地建筑物法”将建筑物的高度限定为 100 日本尺（31m）以下，还有依靠刚性结构论进行耐震计算然后加入耐震壁的刚性结构大楼在关中大地震中毫发无伤，耐住了大地震，所以自那以后的日本建筑物基本都采用了刚性结构。

再次开始针对柔性结构的尝试是在 20 世纪 50 年代开始尝试建造超高层建筑的时期。美国在此之前经历了在加利福尼亚州发生的 1940 年埃尔森特罗地震、1952 年塔夫特地震，之后确立了使用这两个地震的地震波记录的设计法。在日本，1964 年废除了建筑物高度必须在 100 日本尺（31m）以下的限制。1968 年诞生了日本第一座真正意义上的超高层建筑——霞关大厦，该建筑就是采用了柔性结构。而且大家明白了一个道理，根据建筑物不同，有的建筑物适合刚性结构，有的建筑物适合柔性结构。

这些变化都源于计算机技术的发展和普及，开发出了对记录的地震波进行动态解析的程序。通过地震波分析，对地震时建筑物动向的把握更加精确了，这些知识为研究抗震建筑做出了巨大贡献。

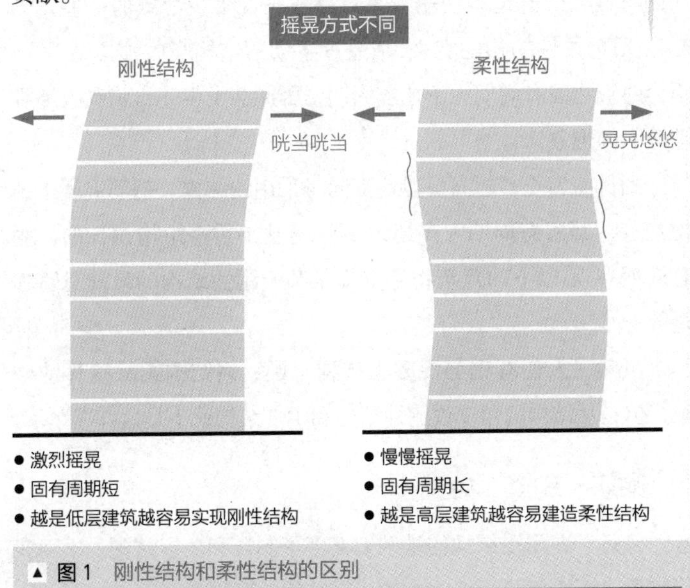

▲ **图 1**　刚性结构和柔性结构的区别

超高层建筑采用的是右图的柔性结构。

参考:《修正建筑基准法施行令：基于新耐震基准的结构计算指南 · 同解说》日本建筑中心 / 编（日本建筑中心）

刚性结构和柔性结构与建筑物的高度之间有什么密切关系？

在日本发生的地震大多数是周期特性在1s以下的地震。建筑物的固有周期 $T(s) \approx 0.02 \sim 0.03H$（$H$ 是建筑物的高度，单位为m）。例如高度为30m的建筑物的固有周期 $T=0.03 \times 30=0.9(s)$。高度为100m的建筑物的固有周期 $T=0.03 \times 100=3(s)$。

如果建筑物的固有周期在1s左右，那么与地震周期特性几乎一样，地表的地震荷载会原封不动地进入建筑物。

相反，当建筑物的固有周期超过1s时，固有周期大于地震周期特性，因此地震动输入系数一般来说多少会减弱一些（图2）。根据柔性结构的定义，“通过柔软的结构吸收地震荷载”，因为建筑物固有周期大于地震周期，因此会发生建筑物吸收地震动输入的现象。

到目前为止，超高层建筑都同时采用钢结构、钢筋混凝土结构建造，其固有周期大多超过2s，是基于柔性结构设计的，固有周期在1s以下的建筑物基本都是基于刚性结构的设计思路建造的。

虽然，人们有钢筋混凝土结构坚硬、钢结构柔软这样的印象，但是从结构的角度说刚性结构和柔性结构就不是这样简单了。

耐震・制震・免震

最近，在耐震结构的基础上又多了制震和免震结构。下面我们来看一下它们与目前为止的耐震结构的区别吧。

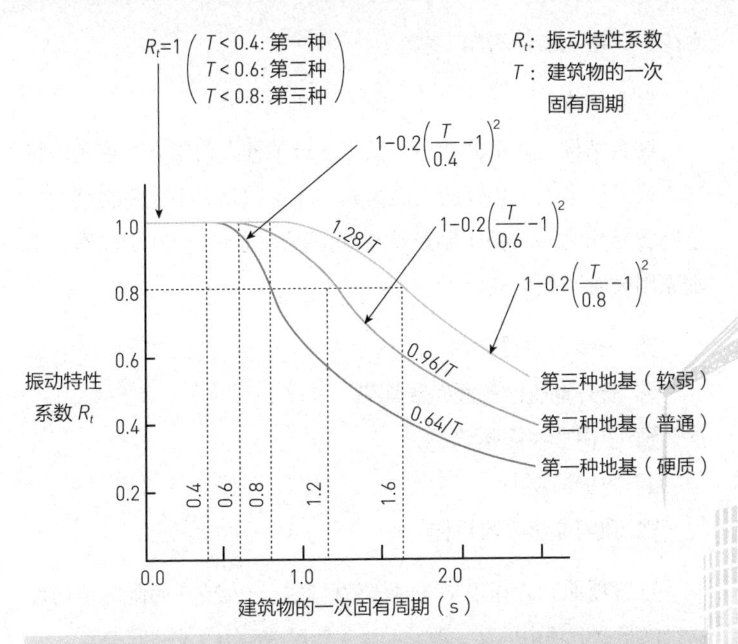

▲ **图 2**　建筑物的一次固有周期和振动特性系数（R_t）的关系

振动特性系数 R_t 是指作用于建筑物的地震荷载因建筑物的振动特性能够减少多少的系数。由该建筑物的一次固有周期和地基种类来决定。高度越高，建筑物的一次固有周期越大，进入建筑物的地震作用效应与建筑物的重量相比就越小。这是可以建造超高层建筑的理由之一。

参考:《修正建筑基准法施行令：基于新耐震基准的结构计算指南 · 同解说》日本建筑中心 / 编（日本建筑中心）

耐震结构

所谓耐震结构，是指将地震荷载原封不动地作用到结构体中，通过框架或墙壁本身的强度、变形吸收地震能。一般来说，地震荷载小的话，建筑物的变形会在弹性范围内（地震结束后几乎可复原的范围内）。地震荷载大的话，建筑物有可能发生部分变形（残留不能复原的部分）。另外，建筑物虽然发生变形，但至少可以避免楼体坍塌。

制震结构

制震结构，如字面所示，是指通过某种人为的方案控制即将进入或已经进入结构体的地震荷载。在这种意义上，免震结构也是制震结构之一。关于制震结构的原则，20 世纪 50 年代作为基本原则公布了如下五项。

1 不传递地震荷载
2 避开地震动的固有周期带
3 求得非共振系统
4 附加控制力
5 利用能量吸收机构

这五项原则在相当早的时候就已经提出，现在的制震结构都必须满足这五项中的某一项，而且大致可按照图 3 来进行分类。

另外，制震结构的实现依靠 1984 年出现的“被动制震”技术和 1989 年出现的“主动制震结构”技术。所谓被动制震，是指对于地震被动地通过结构体的结构来控制震动的制震方法（图 4）。所谓主动制震，是指对于地震主动地运行计算机，驱动外部能源来控制震动的制震方法（图 5）。被动制震装置和主动制震装置的对比见 144 页的表。

制震结构（包含免震结构）自开发以来时间还不长。如前所述，其基本想法是在关东大地震时提出来的。随着动态解析技术可信度的提高，近年来得到飞快普及。尤其是像图 4 这样试图吸收震动能量的层间能量吸收型阻尼器，最近几乎被所有超高层建筑以某种形式引入了。随着技术进步，这些对抗地震荷载的新型

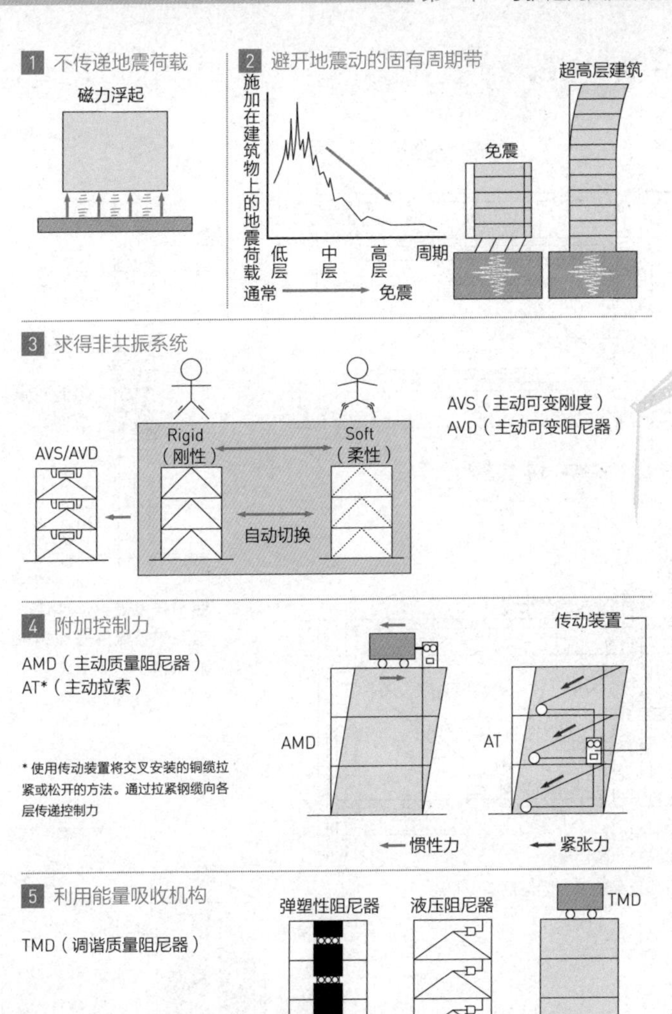

▲ 图 3　制震结构的五项基本原则

现在的制震结构必须满足五项原则中的某一项。

参考:《制震 · 免震结构综合手册》（建筑技术，1997 年 5 月号别刊 2）

▼ **图 4** 被动制震装置的例子

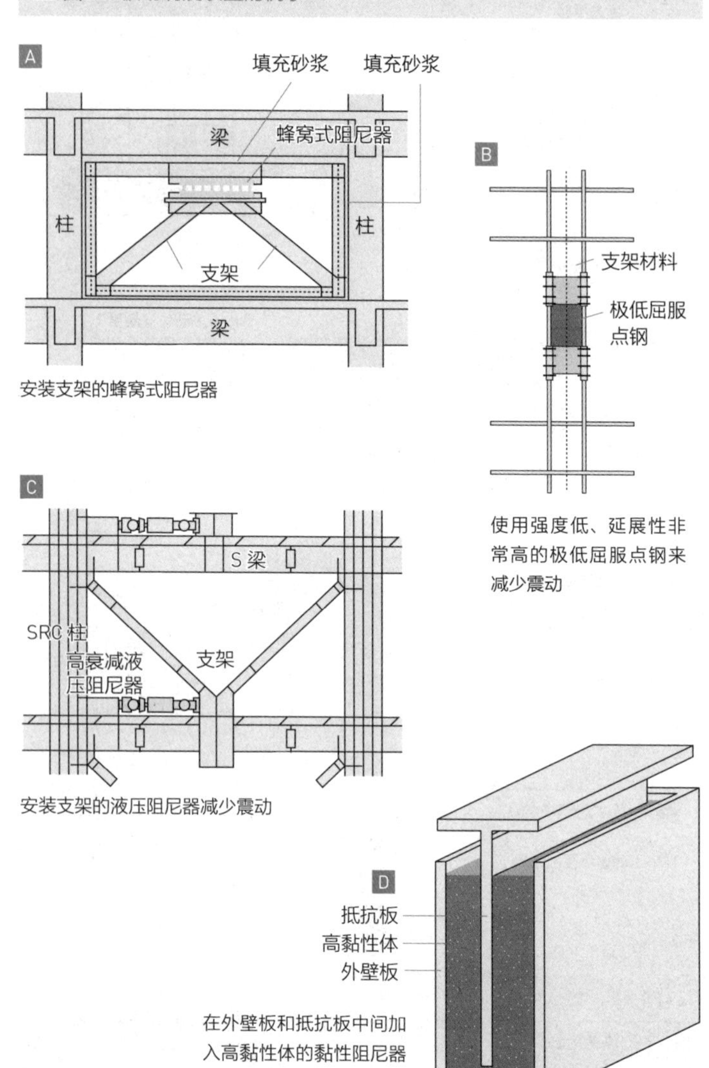

安装支架的蜂窝式阻尼器

使用强度低、延展性非常高的极低屈服点钢来减少震动

安装支架的液压阻尼器减少震动

在外壁板和抵抗板中间加入高黏性体的黏性阻尼器来减少震动

▼ 图 5　主动制震装置的例子

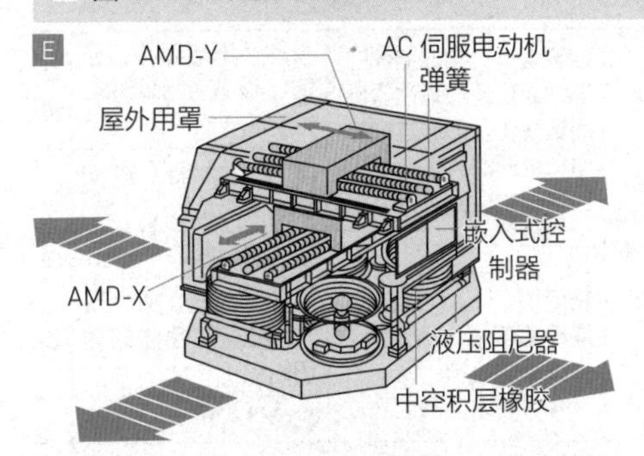

垂直放置的 2 台 6t AMD（AMD-X 和 AMD-Y），设置在 30t 的动态减震器上，可以全方位控制。

参考:《制震 · 免震结构综合手册》(建筑技术，1997 年 5 月号别刊 2)

结构还会逐渐被创新和完善。

免震结构的可信度最近急剧增加，开始应用于更多的建筑物。免震结构的想法最早出现在“柔刚论战”的高潮时期，从那以后，采用刚性结构的耐震设计持续发展，但是追求免震结构的研究并没有消失。从 20 世纪 60 年代接受了急速推广的“弹塑性地震应答解析”的研究成果后，开始进入实用化的开发。

1985 年，在财团法人日本建筑中心设置了免震结构评定委员会，当时有三栋免震结构建筑物在这里接受评定。那以后每年建造的免震结构建筑物虽然数量不多，但是在持续增长。1995 年阪神大地震中免震结构建筑的优点得到证实，在一般建筑物上的应用开始出现井喷式增长。

免震结构一般是在建筑物的基础和上部结构之间设置所谓的免震层。在这里设置像图 6 右图所示的在水平方向具有极其柔软的弹性的免震装置，使结构体的基本周期变长。上部结构即使是刚性结构，因为整体周期变长，也能通过这个免震层吸收地震能量，将进入上部结构的地震荷载大幅减少。

另外，免震结构通过免震层摇晃（因周期长而发生大的水平

▼ **表** 被动制震装置和主动制震装置的对比

<table>
<tr><td rowspan="9">被动制震装置——期待可以被动回应建筑物并取得效果</td><td rowspan="5">吸收能量型阻尼器——通过吸收能量来提高震动衰减性</td><td rowspan="2">过塑型——构成结构的部件通过超过弹性领域而塑性化，即通过抵抗力和变形的关系形成环路来产生衰减机构</td><td>弹塑性阻尼器（普通钢、极低屈服点钢、铅材等）</td><td>A
B</td></tr>
<tr><td>摩擦阻尼器（擦动器、高阻尼等）</td><td></td></tr>
<tr><td rowspan="3">黏滞型——用与结构体震动速度成比例的阻力来衰减的机构</td><td>液压阻尼器</td><td>C</td></tr>
<tr><td>黏性阻尼器、黏性壁（使用高黏性体的剪切阻尼）</td><td>D</td></tr>
<tr><td>黏弹性材料</td><td></td></tr>
<tr><td rowspan="3">调谐质量阻尼器（TMD①）——设置辅助振动系统，改变固有振动性状</td><td>弹簧质量型——使秤锤向建筑物相反的方向运动</td><td></td><td></td></tr>
<tr><td>钟摆型（重锤型、倒立钟摆型）——使钟摆与建筑物变形方向相反运动</td><td></td><td></td></tr>
<tr><td>液体倾斜型——在屋顶设置周期不同的水箱</td><td></td><td></td></tr>
<tr><td>免震结构——用弹性隔离器使基本周期变长</td><td></td><td></td><td></td></tr>
<tr><td rowspan="2">主动制震装置——主动操纵控制系统得到有效控制</td><td>控制力（AMD②、HMD③）型阻尼器</td><td>通常，在高层建筑、塔状结构造体的顶部附近设置由计算机操控的运动秤锤控制基本振动</td><td></td><td>E</td></tr>
<tr><td>可变刚性机构（AVS④）</td><td>在各层间设置以少能量就能驱动的简单的刚性衰减机构来避开地震</td><td></td><td></td></tr>
</table>

① Tuned Mass Damper
② Active Mass Damper
③ Hybrid Mass Damper
④ Active Variable Stiffness

变形）吸收能量，其变形量在 3~4s 的周期中达到 40~60cm。这是相当大的量，因此在建筑上如何处理是一个大问题。具体来说，需要考虑避免一楼的楼板将人或物夹住的对策。

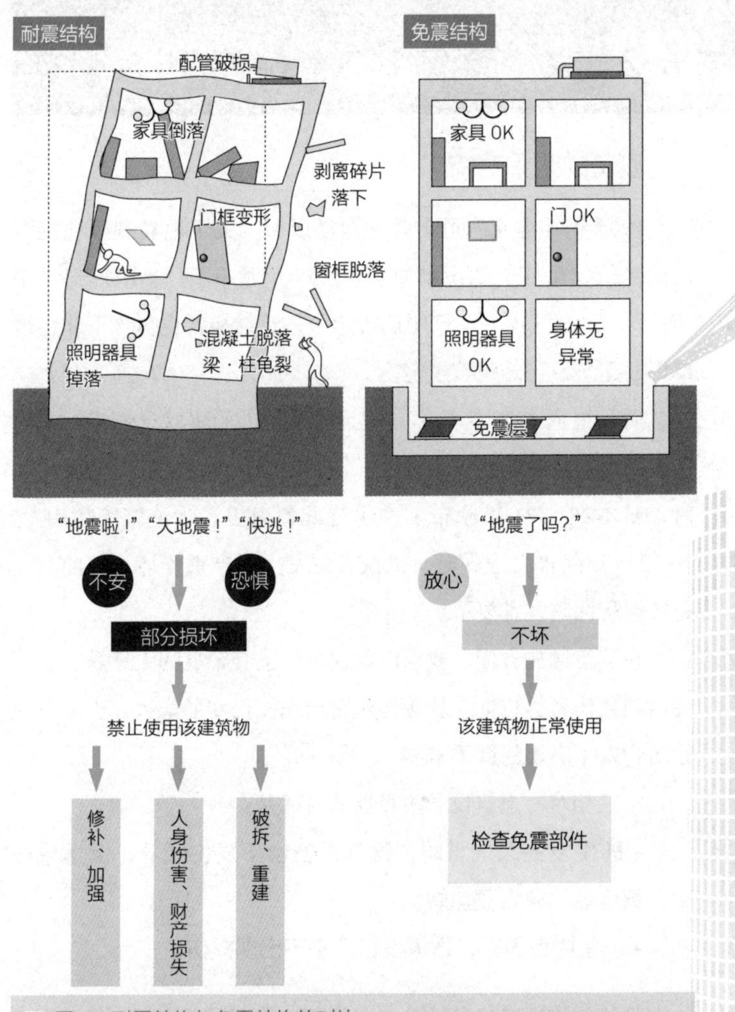

▲ 图 6　耐震结构与免震结构的对比

一般通过设置在建筑物基础和上部结构之间的免震层将结构体的基本周期转移到长周期带，同时使该部分具有较大衰减性，吸收地震能量。

参考：《免震结构入门》日本免震构造协会 / 编（奥姆社）

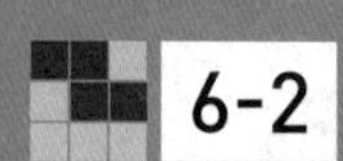

6-2 日本的地震对策：设备篇
——机器、管类、电梯等的对策

设备的耐震对策

1968 年日本北海道十胜冲地震以后，关于地震和因地震引发的建筑物反应的知识增加了。1977 年颁布了“新耐震建设法（案）”。这部法案中不仅明确规定了建筑结构，也包含了非结构部件、建筑设备的耐震规定。

而且根据 1978 年日本宫城近海地震的受害状况调查，人们认识到建筑设备的耐震必要性，与新耐震建设法（案）实施的同时，日本在 1981 年颁布了“建筑设备耐震设计 · 施工指南”。在 1995 年阪神大地震时，机械设备发生了严重损坏，因此，设备的耐震性越发重要了。

在建筑结构方面，要求以即使发生极其罕见的大地震，也不能出现死伤者为目标。就算建筑物出现损伤变形增大，也要避免建筑物发生坍塌的严重事态。

与之相对，建筑设备耐震性的目标是：

• 即使发生大地震时，建筑设备也不发生脱落、倒塌或移动。甚至要尽快恢复功能。

• 发生中地震时，建筑设备几乎不出现损伤。

建筑结构因其具备的功能不同而追求不同的目标是理所当然的。但是实际上，都要追求高度的安全性。耐震设备包括损伤率高的给水设备、排水设备、空调设备、消防栓、消防喷淋设备、照明设备、厨房器具、燃气设备、电气设备等。

当然，除了设备本身的耐震性，设备安装部位的耐震性、管道或管线类的耐震性也是问题。而且，升降机的耐震性也是要考虑的。

设备耐震方案

设备耐震方案主要针对设备产生的加速度和位移。设备的地震对策，是对于施加到设备上的地震作用效应，使设备不发生移动和倾倒，将其固定在结构体上。让我们看一下针对各种设备的具体方案吧。

- 楼板上的设备

在设置楼面加速度时考虑设备本身产生的增幅。具体数值规定为根据设置楼层及耐震级别，取值为 0.6~2.0g。小数值适用于地下楼层，大数值适用于高楼层或屋顶等。

- 吊顶及壁挂机器

设置有强度的减震装置，同时防止震动时的接触。

- 防震支撑设备

地震时耐震制动器是必备的。

- 连接配管

设置变形吸收弯头。

另外，设备本身的耐震性大多情况依赖设备厂商，所以得不到准确的数值。不过设备搬入时是使用卡车搬入的，所以可以认为其可承受 1.0~1.5g 的加速度。另外，一部分进行了耐震强度确认实验的设备，一般可承受 1.5~2.0g 加速度的地震荷载。

采用这样的方案，应该可以大幅度减轻建筑设备的损伤。不过日本在“建筑设备耐震设计・施工指南”公布的 1981 年之前建造的建筑物，目前仍未施行任何耐震对策，这些建筑物的大量存在是一个巨大的问题。

电梯的耐震对策

1971 年以前，电梯的耐震规定由厂家自主确定标准。但是 1971 年在美国加利福尼亚州发生的圣费南多地震中，相当于 10% 的大约 700 部电梯的平衡锤从轨道脱离。更严重的是这大约 700 部电梯中的 1/7，即约 100 部电梯发生了轿厢与平衡锤碰撞的事故。

重视这件事的日本电梯协会对于防止脱轨对策、曳引机制动器的固定强化和地震时电梯管制运行装置等进行了讨论。

然后日本电梯协会于圣费南多地震发生的次年，即 1972 年制定了“升降机防灾对策标准”(旧耐震标准)。1978 年宫城近海地震受灾后，制定出包含电梯耐震对策的“电梯耐震设计・施工指南”(官方标准：日本建筑中心制定)。

但是在 1995 年阪神大地震中，不仅是 1981 年制定新耐震标准之前生产的电梯，在那之后生产的电梯也发生了人员被困等事故，因此，标准被修改，1998 年颁布“升降机耐震设计・施工指南”(新耐震标准：日本建筑设备・升降机中心制定)，强化了各种规定（图 1）。

电梯事故最主要是平衡锤脱轨、对重平衡块脱落、机房中设备的移动和倾倒、调速器钢丝绳脱落和缠绕等问题。与建筑设备

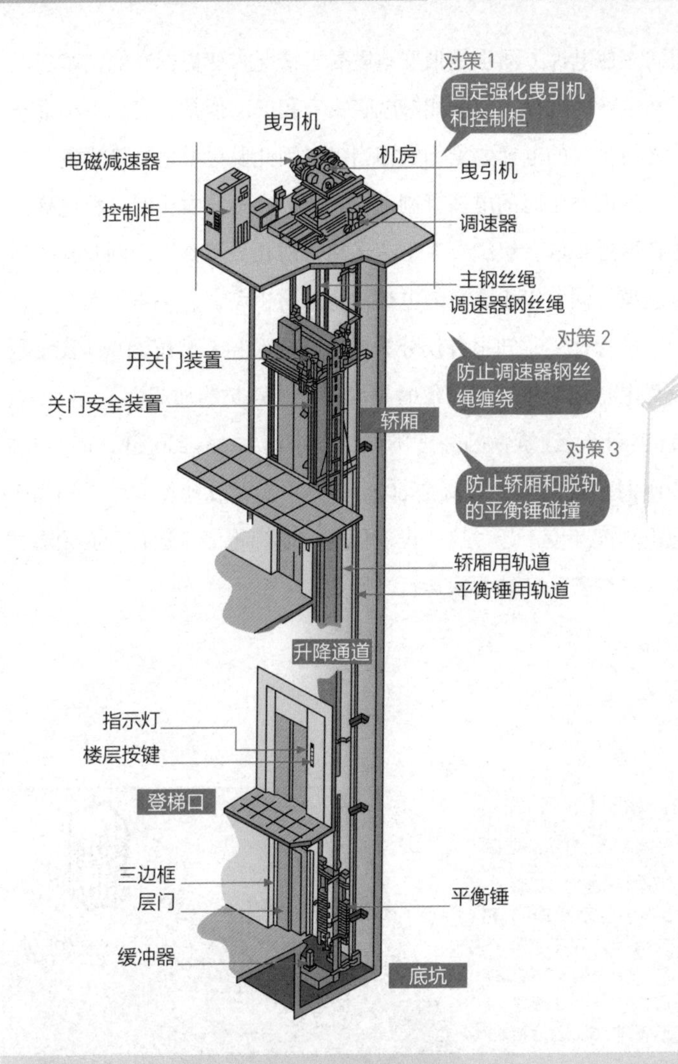

▲ **图 1**　电梯结构图

电梯上装配了各种各样针对地震的安全装置。

参考 :《耐震综合安全性的思考 2008》NPO 法人耐震综合安全机构 / 编（技报堂出版）

相同，在电梯方面也是根据地震受害情况来变更标准的。基于新标准生产的电梯，应该能够减轻灾害程度。但是，实际上标准修改之前生产的电梯数量仍然相当多，因此要尽早地修订法案。

地震发生时的电梯管制运行是指“在地震发生时，将电梯停靠在最近楼层，组织乘客迅速撤离，防止人员被困。同时根据地震规模不同，停止之后的电梯运行，防止灾害进一步扩大”。

电梯地震感知报警仪分为 P 波感知型和 S 波感知型（图 2）。设置电梯地震感知报警仪时（设置电梯停止的加速度），根据设置的年代、建筑物的高度不同，设定值在 25~200gal 之间变化。按照旧耐震标准，数值是 60gal，把它换算成地震烈度，相当于地震烈度 4 度。超过这一设定值时，电梯将停止运行，必须有技术人员检查后才能再次运行（图 3）。

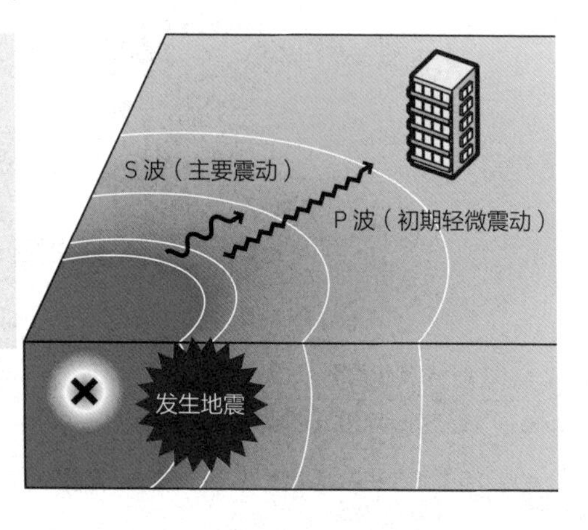

▶ 图 2

P 波和 S 波的区别

P 波是初期的轻微震动。S 波是主要震动。P 是“primary”的首字母，S 是“secondary”的首字母。按照字面的意思，P 波先到，S 波随后到达。

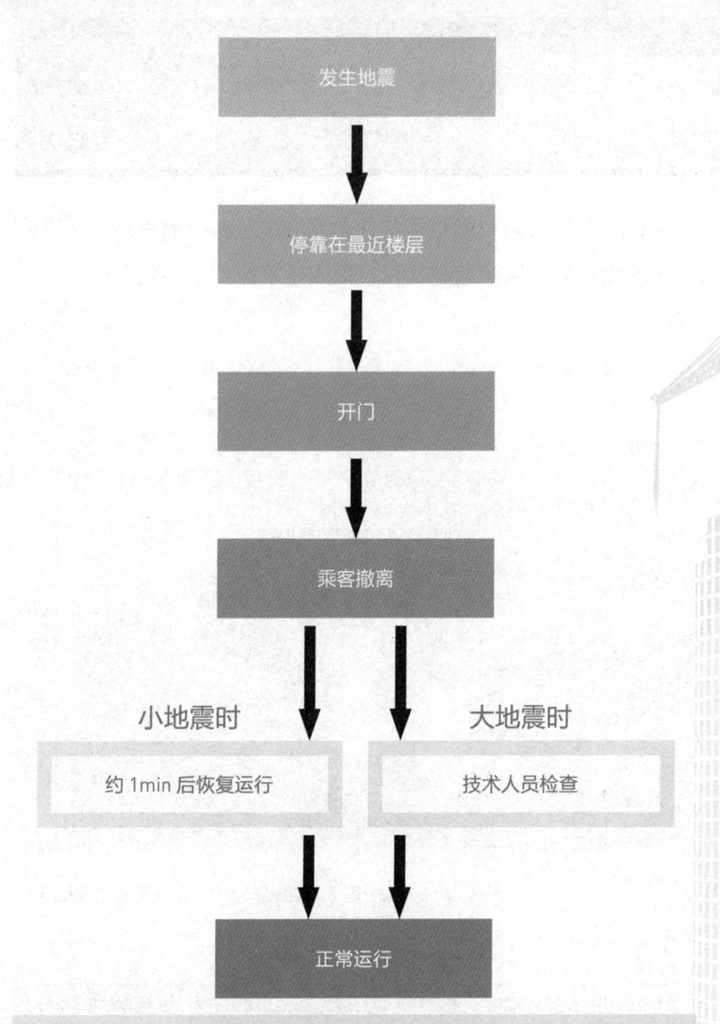

▲ 图 3　地震时电梯运行管制概念图

电梯管理员接收到来自地震报警仪的信号后，根据预测的震度，将运行中的电梯停靠在最近楼层，在地震结束后，第一时间将滞留在电梯内的乘客撤离。

参考:《耐震综合安全性的思考 2008》NPO 法人耐震综合安全机构 / 编（技报堂出版）

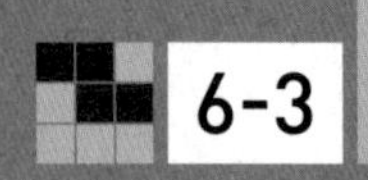

6-3 长周期地震动有多可怕?——新潟县中越地震导致新宿的超高层建筑发生摇晃

长周期地震动一般是指从几秒到 20s 左右的地震动。在平原地区观测到的长周期地震动强，原因是平原地下的堆积层厚（见下图）。

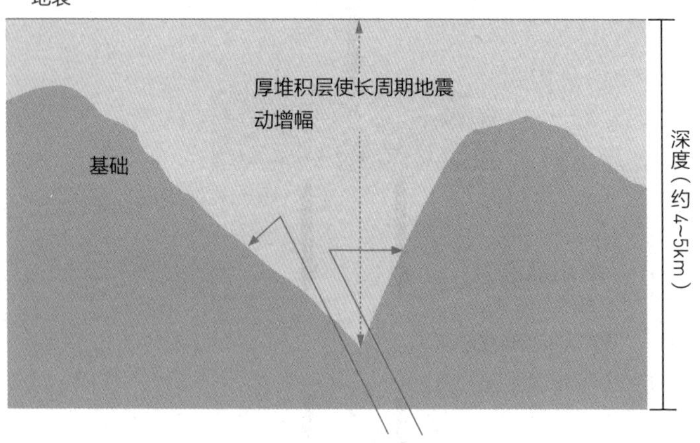

▲ 图　长周期地震动发生的原因

大地震时因为地下深部地壳的形状（堆积层的厚度不同）不同，长周期地震动有局部发生增幅的可能性。图为关东平原的例子。

参考：产业技术综合研究所网站

因为堆积层柔软，所以地震波从坚硬的岩盘进入堆积层后振幅会变大，地震波的周期（固有周期）由堆积层的厚度决定。这是因为发生了共振之类的现象，所以地震波的振幅变大，周期也变长。在堆积层厚的大规模平原地带，长周期地震动变得剧烈。

以前人们只知道在墨西哥、罗马尼亚等地多发生长周期地震动。但是在2003年日本北海道十胜冲地震中，距离震源相当远的北海道苫小牧的石脑油储油罐发生了燃烧事故。追究其原因，发现是由长周期地震动产生的“晃动”造成的。

在震源与苫小牧的中间地带并没有观察到长周期地震波。因此，长周期地震波到达苫小牧的原因，是位于地震波传播路径上的地壳的大规模沉积盆地状地带使地震波受到某种影响导致周期变长，因此地震波到达了苫小牧。

根据这次事故，研究认为，在日本东南海地震或东海地震发生时，关东地区或关西地区也会产生长周期地震动，这在地震界和结构界引起轩然大波。实际上，2004年新潟县中越地震发生时，新宿的超高层建筑也发生了摇晃，这种长周期地震动是可以真实感受到的。

那么长周期地震动的到来为什么那么恐怖呢？

这是因为到目前为止在超高层建筑的设计中，并没有考虑到会有与该建筑自振周期相同的长周期地震动的到来。如果事先有预判的话，就会知道因为共振现象会发生比计算值更大的振动吧。

2004 年以后，这个问题引起了建筑学会的重视，进行了广泛的讨论。讨论的结果见 2007 年 12 月出版的《长周期地震动和建筑物的耐震性》（日本建筑学会）的附录（该书 386 页），稍微有点长，但是我们引用一下看看吧。

“因长周期地震动而输入到超高层建筑物的能量，有可能远远超过之前设计中预计的能量，在几个地点预测到在特定的周期带会有极大的地震动输入。基于现在的耐震技术，经过谨慎设计的建筑物，除去固有周期属于被预测到有极大地震动输入的特定周期带的情况之外，建筑物的耐震安全性是可以保证的。如果建筑物使用的结构不能满足目前耐震设计中确保塑性变形能力的条件，以及固有周期属于预测到有极大地震动输入的特定周期带，那么建筑结构有可能发生严重的损伤。”

简单总结，就是基于目前的耐震技术设计的建筑物，基本可以确保耐震安全性，但是，处于特定周期带的建筑物有可能受到损伤。

在该书附录中也讨论了受到长周期地震动时的耐震性能，以及提高耐震性的加固，所以未来会尽快针对有可能出现损伤的超高层建筑采取加固措施。

以板块构造学说为代表的地震知识在近半个世纪里大量增加。另外，建筑物的耐震安全性也提高了很多。但是每次发生地震都有新的知识增加。超高层建筑以比一般建筑物更大的安全系数设计和建造，因此坍塌等事件不会发生。

虽说如此，地震是自然界的现象，一定会有许多未知的情况，不可绝对断言。我们应该谦虚学习地震的未知知识，将其灵活运用到今后的建筑物设计、建造和加固中。

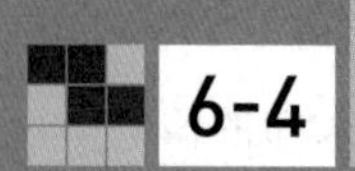

6-4 降低风压设计和楼间风应对方案——风洞实验、楼的形状

从超高层建筑旁边经过时，经常会感到强风。这是各种各样的高楼风（图 1）。在风的通道建楼，风就会绕过高楼到空着的地方，那里的风压（风速）自然就变大了。

以前将风荷载作为静态施加来计算，但是现在我们知道风也是有“呼吸”（周期）的。由于风的周期而产生的现象有，因风乱吹产生的强制振动、因风漩涡产生的风正交方向的振动、因结构造体动态运动带来的非定常空气动力导致的自励振动等。设计超高层建筑时，为了测量风的影响，需要用风洞实验来研究风影响的因素和大小。

根据风洞实验的结果，针对建筑物主体，为了在风压大的时候也能够保证安全性，要采取各种各样的措施。另外还需要考虑大楼的周边在风压高的情况下也要具有比较良好的环境。

降低风压的对策，首先考虑通过建筑物的形状来控制风的流动。可以将建筑物的平面做成圆形，或者将凸出的平面角切掉，或者反过来安上凸起物，或者在建筑物中间部分开一个大的风洞。通过采取这些方案，会降低作用到建筑物上的风压。这些降低风压的方法也都通过风洞实验得到了确认。

另外，还有些方法虽然不是降低风压本身，但是可以减少因风输入产生的能量的影响。比如在建筑物内部安装本书前文提到过的制震结构的阻尼器，让其吸收振动时的能量。现在超高层建筑物中多通过质量阻尼器对基本振动进行控制。

风的另一个问题是高楼风。这是指高楼建造前与建造后相比周边发生了风向和风速的变化（图 2），给周边的居民、行走在周边的人们带来不好的影响。在超高层建筑物的周边，被超高

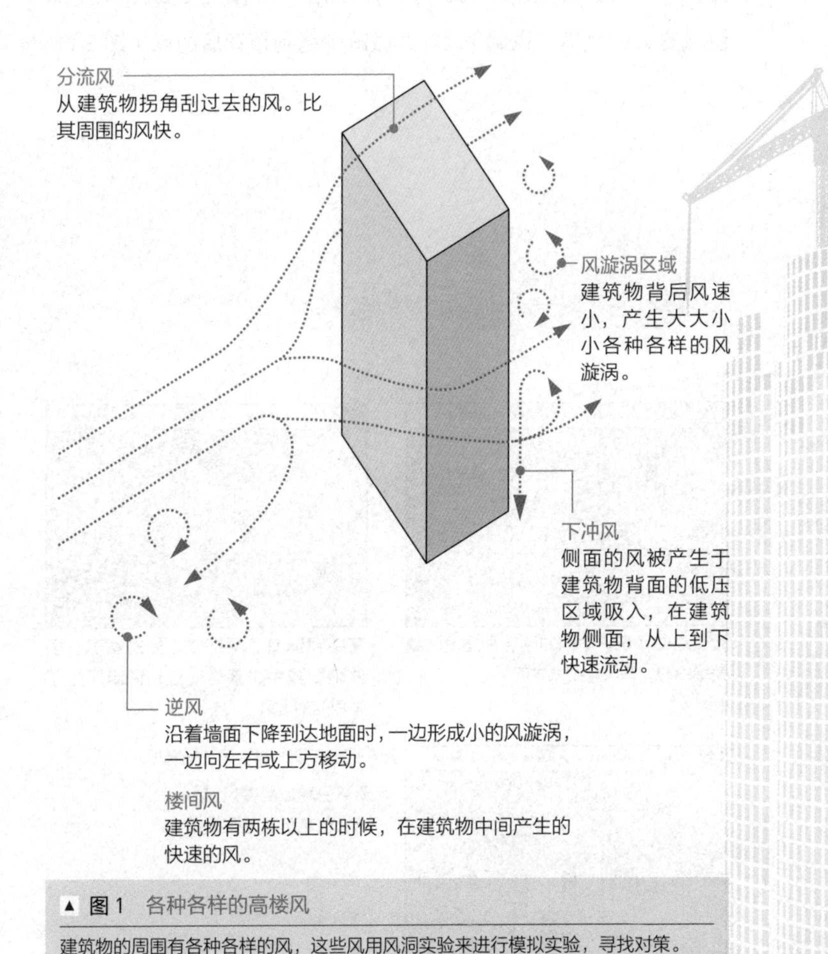

▲ 图 1　各种各样的高楼风

建筑物的周围有各种各样的风，这些风用风洞实验来进行模拟实验，寻找对策。

层建筑遮挡的风会绕到楼后，风速会在某种程度上变大，这一情况是无法避免的。怎样设计才能减小这种风速成为一个课题。例如，在周边配置低层楼、栽种绿植（照片），可减弱人遇到的风速，这些是针对高楼风采取的一般对策。在超高层建筑的中间部位设置大的风道（风洞），可稍微减少绕到楼背后的风（图 3）。

▼ **图 2** 用计算机进行的高楼风模拟解析结果

建造前

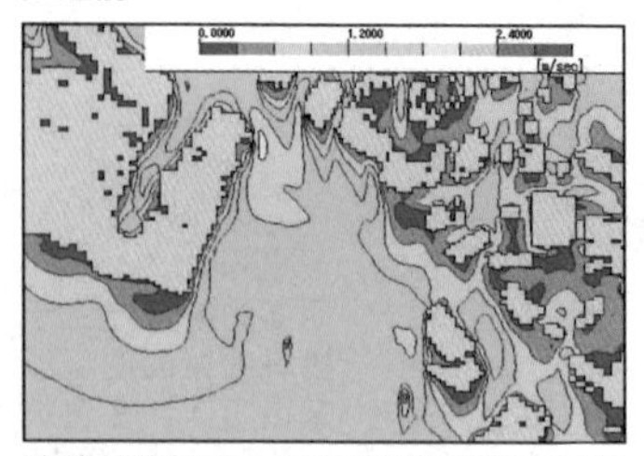

建造前的状况。中间的建筑预建设区域是绿色的，并没有刮太大的风。

建造后

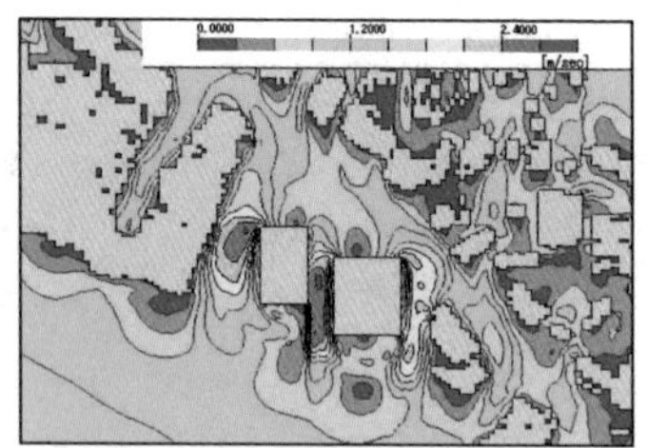

在中部建造了两栋楼之后的状态。楼体两侧或中央部分变红，说明产生了强烈的高楼风。

对策后

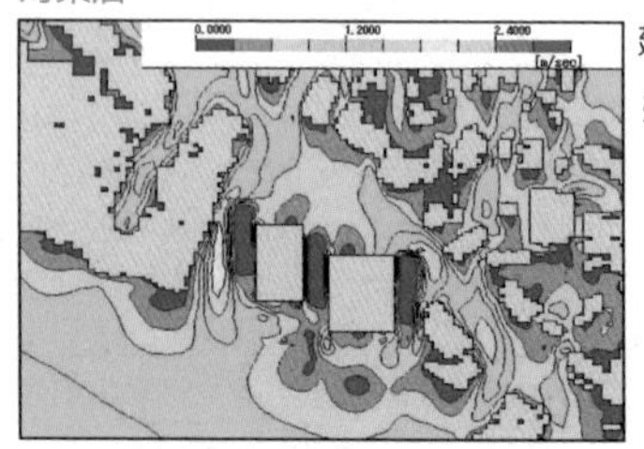

建筑周围变蓝，高楼风大幅减少。

※ 离蓝色越近高楼风越弱。
离红色越近高楼风越强。

图片提供：钱高组

金桂树

山茶树

白桦树

◀ 照片　风洞实验

绿植美观，对环境友好。栽种绿植的时候，通过改变种植树木的种类，用风洞实验来考察防风效果。

图片提供：钱高组

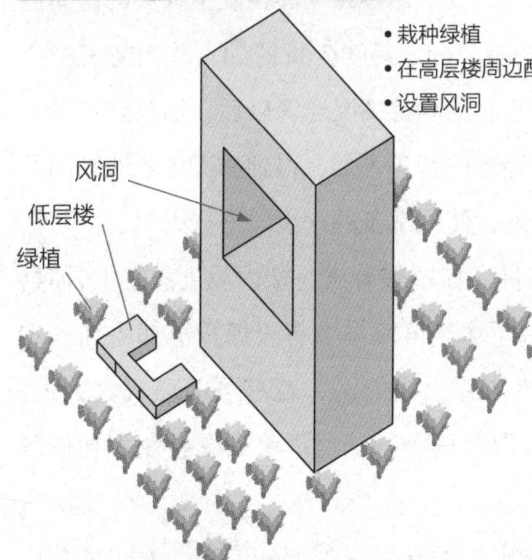

照片提供：BLUE STYLE COM http://www.blue-style.com/

▲ 图 3　高楼风对策的例子

除了栽种绿植或配置低层楼之外，也有在楼体本身开风洞的方法。照片是位于东京都港区的日本电气总部大厦。楼中央开了很大的风洞。

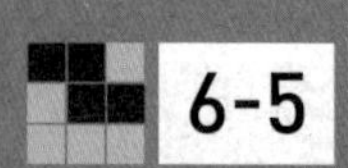

6-5 超高层建筑的火灾应对方案
——在火灾中，比火焰更可怕的是烟

超高层建筑本身由绝不会发生燃烧的钢或混凝土、玻璃等材料建造而成。但是室内有窗帘、地毯、文件等易燃的物品，因此，有可能因烟头或办公设备导致起火而引发火灾。

一般来说，在火灾发生爆炸性闪燃之前，楼板或家具会一点点燃烧。即使最开始只是烟头导致的非常小的火源，也会在相当长的时间内，30min 或者 1h，有时 2~3h，火势渐渐变大并开始冒烟。

超高层建筑一般会配备烟雾探测器和消防喷淋头等装置，设置在房间顶棚上（照片 1、2）。烟雾探测器在发生火灾的房间内温度上升到 70℃以上之前，可以感知少量的烟，并向防灾中心发送异常情况。防灾中心收到异常情况通知以后，通过防灾中心系统联系正在火源附近巡逻的警备人员，得到防灾中心通知的警备人员紧急赶往着火地点，使用常备的灭火器进行灭火。

另外，当易燃的文件、窗帘等着火，室内温度急剧上升时，消防喷淋头启动，开始喷水，可以马上将火熄灭。如果在火灾发展到闪燃之前不能感知并灭火的话，就有可能酿成大火灾。因此，通过感知烟雾和温度两种方法可以将火灾控制在初期阶段（见 162 页图）。

烟雾探测器向防灾中心发送异常情况的同时，发出紧急广播，向在着火点附近的人们通知异常情况。同样，在消防喷淋头启动之后，向处在防火区内的人们发出避难引导指令。

▲ **照片 1**　烟雾探测器

光电式烟雾探测器。由定期发光的发光二极管和遮光板、感光元件组成。通常发光二极管的光被遮光板挡住，无法传到感光元件那里，当内部进入烟雾后，发生散射光，光到达感光元件，触发火灾警报。

▲ **照片 2**　消防喷淋头

照片中是嵌入型消防喷淋头。通常，实时监测火灾的发生，一旦感知到火灾，就向着火点及着火点附近喷水灭火。

照片提供：能美防灾

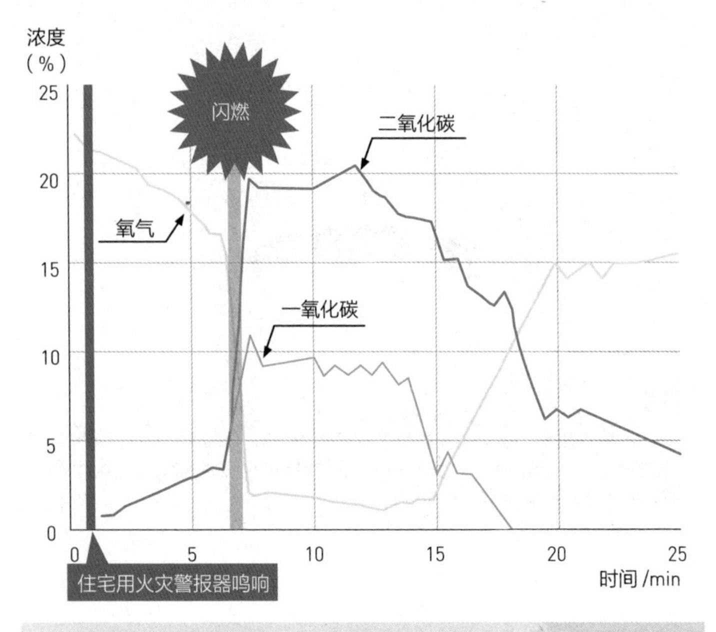

▲ 图　火灾警报器鸣响的时机和闪燃的时机

闪燃是指着火后，可燃性气体聚集到顶棚部位，可燃性气体燃烧，火焰一瞬间扩大的现象。闪燃发生时，有毒气体一氧化碳的浓度将突然增大。火灾警报器鸣响后立即避难是非常重要的。

参考：神户市网站

在火灾进一步扩大，烟雾扩散之前，紧急电源、电梯等开始启动运行。防火卷帘门（照片 3）落下，防火门（照片 4）关闭。疏散楼梯、排烟风扇（照片 5）、排烟口（照片 6）和进气风扇也启动。然后进行建筑物内部灭火，在避难行动期间消防队到达，开始进行真正意义上的消防灭火活动。

火灾最严重的时候，房间内会形成高温，窗户的玻璃发生燃烧坠落，火焰蔓延到隔壁房间或走廊。但是，因为有消防喷淋头

▲ **照片 3**　防火卷帘门

发生火灾后，从传感器接收信号后自动关闭。卷帘门下降过程中如感知到有避难者的话，则停止下降。人员通过后再开始下降。

◀ **照片 4**　防火门

为防止燃烧或烟雾流入而设置的特定防火设备。防火门的规定是“框架为钢质，两面各粘贴厚度为 0.5mm 以上钢板的门”。

照片提供：能美防灾

◀ **照片 5** 排烟风扇

将发生火灾时产生的烟通过风扇的转动排出。

▶ **照片 6** 排烟口

将火灾发生时产生的烟排出的出口。

等设备在某些地方持续喷水，因此这样的情况应该不会发生。所以我们要镇静地遵从广播或警备人员的指示，去往最近的紧急出口进入安全通道，乘坐应急电梯或走楼梯去往安全的避难楼层。

应急电梯使用应急发电机，跟写着“紧急出口”的标识灯一样即使停电也不会停止工作。即使烟从后面追上来难以呼吸，应急电梯前也会有新鲜空气输入。因此到达电梯口镇静地等待电梯到达是非常重要的。

火灾中比火更可怕的是烟

前面提到过的烟雾探测器、消防喷淋头，一般在每 3m × 3m 范围的顶棚上安装一个，因此即使在超高层建筑中发生火灾也不用担心变成严重火灾。但是吸入烟雾导致窒息的情况多有发生，因此从烟雾中避难是很重要的。在高层建筑物中安装有将烟排放出建筑物之外的排烟风道（照片 7）或挡烟垂壁（照片 8）等。

但是一旦发生闪燃的话，还是无法阻止烟雾的扩散，因此

◀ 照片 7　排烟风道

平时关闭，发生火灾时打开，成为烟的通道。

▶ 照片 8　挡烟垂壁

发生火灾时防止烟雾扩散，给人们提供逃生避难的时间。平时收起来不会占用空间。

照片提供：能美防灾

需要留心不要引起火灾。发生火灾的建筑物中，被火烧死的人不多，几乎所有的人都是因吸入烟雾窒息而死。

另外，在近代建筑中使用的墙壁或顶棚、楼板的内部装饰材料，几乎全部是用化学材料制成的，这些材料燃烧后会产生大量有毒气体的材料。可是就算没有有毒气体，吸入烟雾也是非常危险的，因此在超高层建筑中，为防止吸入烟雾处于缺氧状态，除安装进风系统之外，排烟设备也是必备的。烟雾进入走廊，开始蔓延，流入疏散楼梯的前厅后，新鲜空气从进气口进入，在让疏散的人们能够呼吸到新鲜空气的同时，必须把流入的烟从反方向的排烟口排出。

电梯间或疏散楼梯区域，被设置成正压力，一边充分吹入空气，一边在容易汇聚烟的顶棚上设置排气口。另外，烟雾蔓延到从顶棚垂下 50cm 以上的挡烟垂壁时可以堵住一段时间，但是，烟雾层不久就会变得比挡烟垂壁高度更厚而越过挡烟垂壁，所以趁烟被挡烟垂壁堵住的期间疏散是至关重要的。

守护生命的防火分区

防火分区把上下楼层完全隔断，因此即使某个区域因闪燃导致火灾扩大，下一层的火焰也不会扩散到上一层。因此火一定会进入走廊，通过楼梯或电梯井向上一层蔓延，或者突破玻璃窗，通过上部的玻璃窗口向楼上蔓延。只要不发生爆炸之类的严重状况，即使在下一层发生火灾，只要镇静避难就没有问题。

火在上下层之间蔓延需要时间，即使在同一楼层，因为有防火区域隔断措施，防火门、防火卷帘门被关闭，到燃烧蔓延之前至少也有 2~3h 的余地。

在美国，超高层建筑火灾也经常发生。大多被消防喷淋头或灭火器控制住了，大家好像什么事也没有发生一样。在日本，在超高层建筑中设置了比美国更多的防火门、防火分区，发生的火灾数量只有美国的 1/10 至 1/20。

但是，由于空气漏到上下层或旁边的房间中，也有可能加重火灾，加速火灾向隔壁或上下层蔓延，因此从今往后必须要考虑这个问题。

像超高层建筑这样房间密闭性好的环境，只要空气不从外边进入楼内，即使发生了火灾，只要氧气燃烧完之后，火就会自然熄灭。在有防火区域、建筑物的密闭性好的建筑物中绝对不会发生严重的火灾。

假设发生火灾，防火区域、防烟区域隔断的顶棚、墙壁、管道完全被切断，而且设置有排烟风扇、进气口，人们只要镇静避难，是一定能够慢慢逃脱的。

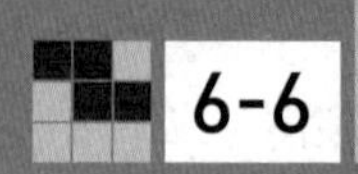

6-6 防灾中心的工作内容是什么？——24h 不休息守护大厦安全

超高层建筑中如果发生火灾比较麻烦。如果发生大地震，顶棚、墙壁、柜子崩塌，因停电导致电梯停止、照明停止，与普通大楼不同，超高层建筑中的人们会不知道该如何是好。如果是普通的低层建筑物，不管怎样先到建筑外面去，逃到道路或广场上，这是身处低层建筑物的人们都可以想到的方法，但是对身处高层建筑物的高楼层的人们来说，这种避难方法并不有效。

超高层建筑的高度有 50~60 层，如果电梯停止的话，想到外面去是不可能的，可以通过避难楼梯走到楼下，但是这样做又不知道中途各楼层的状况如何。考虑到这样的情况，为了无论何时，无论发生什么状况，都可以保障身处建筑物内部的人们的安全，超高层建筑中必须设置防灾中心（照片 1）。

离开建筑物来到外面时，会有消防员、警察等有组织地保障人们的安全。身处建筑物内部的时候，安全责任由建筑物管理者来承担，因此，必须依靠建筑物内部的人员来担任消防员或警察的角色。

防灾中心就是集中、管理、运营这些角色的地方。防灾中心的工作由警备保障公司或大厦管理服务公司有偿进行。建筑物越大越高，工作越重要越辛苦。

除了委托警备保障公司或大厦管理服务公司对建筑物进行管理（照片 2），建筑物内部的人们也自行组织楼内自治组织，自主开展活动。不仅花钱请人来管理，也靠自己的双手来守护自己

▲ 照片 1 防灾中心

为了防止大厦受到火灾、地震、犯罪、设备故障等各种危险的威胁，24h 不间断地持续工作。

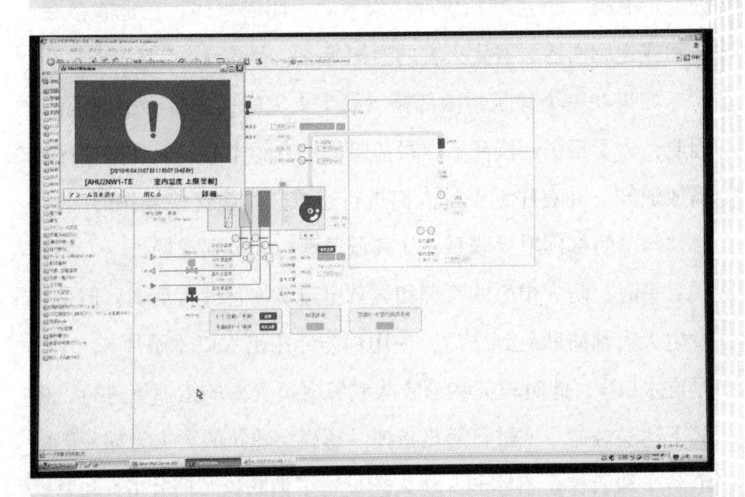

▲ 照片 2 室内温度上限警报

大厦内部房间超过上限温度的话将触发警报，大厦管理者可以根据警报采取相应措施。

摄影：小泽友幸

的安全，各自分担自治消防和自治警察的任务，并开展活动，这在一座拥有城市机能的超高层建筑中是非常重要的。

防灾中心的复杂工作

防灾中心有大量监视器，用摄像头监控建筑物的大堂、地下室、机房和停车场等为了防灾和安全防范必须要注意的场所（照片3）。我们只要身处防灾中心，不管建筑物内部或周边发生什么情况，都能够时刻准确把握。

在防灾中心，当发生火灾的时候，或者烟雾探测器、消防喷淋头启动的时候，表示该地点的红灯立即开始闪烁（照片4）。这样警备人员就能立刻在显示器上调出确认为该地点的画面，把握现场状况，迅速判断该如何应对。关闭防火门，在危险楼层、房间或走廊内播放发生火灾的通知等。

如果在整个建筑物内部播放发生火灾的通知将会引起混乱，因此，为了不引起混乱，以最危险的地方为中心，只在必要区域播放通知，并有序地引导人们进行避难。实施这些操作的同时，必须与消防部门取得联系，让其派遣消防人员到现场。

平时，防灾中心的管理和运营由建筑物管理者负责，但是当发生火灾消防队赶到之后，使用消防专用出水口（照片5，左边是进水口），此时救灾在消防队或警察负责人的指挥下进行，由其下达避难命令或进行避难指挥。超高层建筑的火灾光靠一般的消防车和云梯是不够的，楼内还设置了消防栓（照片6）和紧急避难电梯。

▲ **照片 3**　监控摄像头和监视器

防灾中心内的监视器，监视由监控摄像头拍摄的画面，防备可疑人员或火灾等。

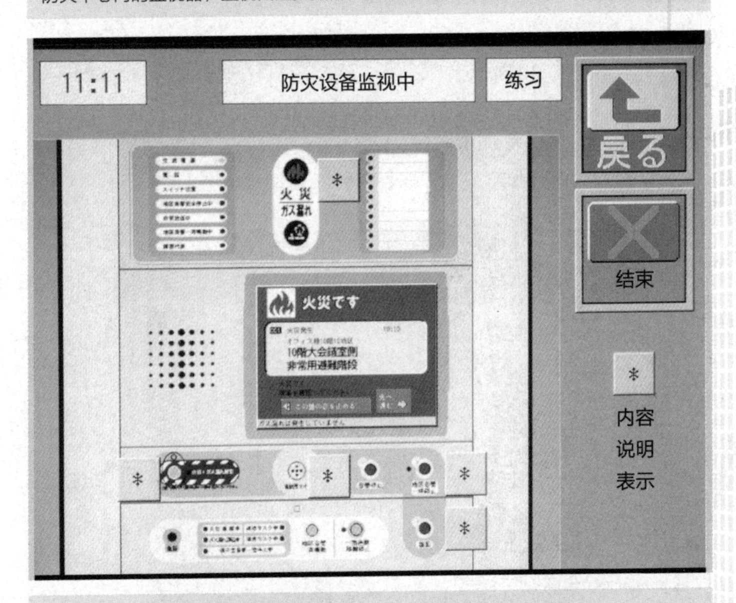

▲ **照片 4**　火灾发生时的警报画面

火灾发生后，警报马上发出，画面上除表示出着火地点之外还显示出是否有煤气泄漏等。

注：画面为练习用。　　　　摄影：小泽友幸

▲ **照片 5**

进水口和出水口

将水注入左边的“连接进水管进水口”可以将水输送到建筑物内部的消防栓。储存在建筑物地下的消防用水使用光也没有关系。右侧的“消防队专用出水口”是为了熄灭建筑物外部火灾等给消防队供水的设备。

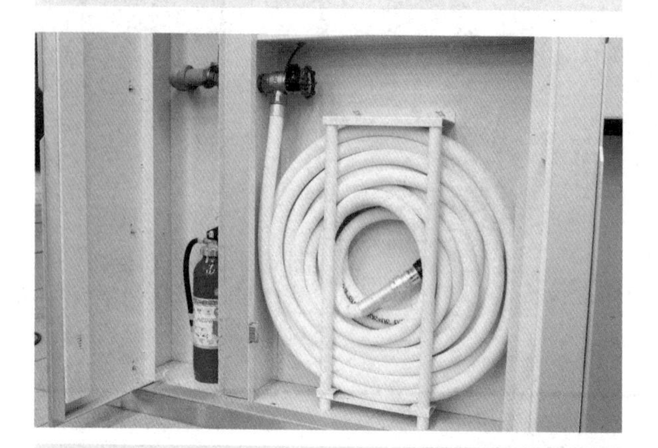

▲ **照片 6** 消防栓

位于建筑物内部各处的消防栓。屋内发生火灾用消防栓处理。旁边配备灭火器。

因为防灾中心兼有防灾设备管理的职能，因此防灾中心的位置应设在建筑物的中心，尽量在距离出口近的一楼的显眼的位置。由玻璃间隔的防灾中心，从外部也可以看到里边的样子。但是没有许可不能自由进出。因为一旦播放错误广播或指令，有可能在大楼内部引起大规模混乱。

另外，因为防灾中心兼有大厦整体的警察和消防功能，所以也是警备人员的控制室。不管是在走廊、电梯、卫生间中失落了东西，还是身体不舒服，或者发现任何可疑的情况，都要立即与防灾中心取得联系，都可以得到解决。

超高层建筑是跟一座城市一样具有各种功能的生活空间。建筑物内部有跟消防局、警察局相同类型的组织。超高层建筑中晚八点左右到早晨七点左右几乎没有人。这个时间段如果在建筑物中发生事故的话，将完全由建筑物管理者负责。24h 不休息、无间断地管理是防灾中心的重要工作。

照片提供：吉田友和

第 7 章

关于超高层建筑的小知识

每天暴露在风雨中的超高层建筑，需要经常维护。

不能开窗该如何清扫呢?

超高层建筑阻挡风和电磁波信号，需要各种各样的办法来解决。

在本章中，给大家介绍一下这些关于超高层建筑的小知识。

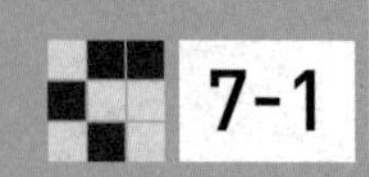

7-1 超高层建筑如何擦玻璃？——人乘坐吊篮进行作业

超高层建筑中使用大量玻璃，如果不定期清扫的话，无法保持干净的状态。但是，几乎所有的超高层建筑都不能像家里那样打开窗户来擦玻璃。这是因为玻璃本身与超高层建筑物的外墙合成一体，并将建筑物内的温度和气压保持一定。另外，在写字楼正下方多是道路，如果不小心将东西坠落的话会发生事故，为防止此类事故发生，超高层建筑都设计成不能开窗。

那么，使用梯子从地面无法够得到的超高层建筑的玻璃该怎样擦呢？要使用起重机之类的专用机械从房顶吊下供人乘坐的吊篮（照片 1）来进行，从下边不行的话就从上边。最近因为复杂形状的建筑物增加了，所以为了使吊篮安全接近建筑物的墙壁，人们想了各种各样的办法。在超高层建筑的外墙上预先按照一定间隔在纵向上挖好沟槽，这种沟槽叫作导轨，人乘坐的吊篮可以挂到这个导轨上，依靠导轨可以减轻吊篮因突然刮风或擦玻璃作业而导致的摇晃。

另外有的大厦使用无人自动擦窗机（照片 2）进行玻璃窗的清扫。顺序是先在玻璃上喷上水，再使用叫作挤压刮水器的橡胶刮刀在玻璃上从上到下刮擦，当然擦完后的污水不会落到地上。

▲ **照片 1**　吊篮的结构

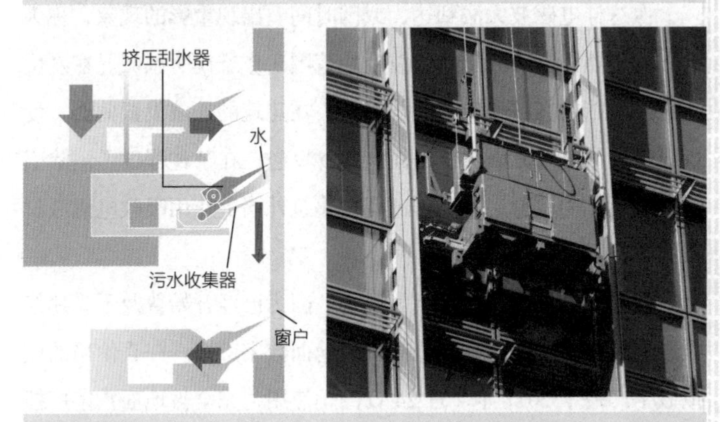

▲ **照片 2**　无人自动擦窗机

照片是纵向升降类型。将水喷射到玻璃上，用挤压刮水器擦除污渍后，使用污水收集器回收脏水。也有横向移动类型。

照片提供：日本 Bisoh

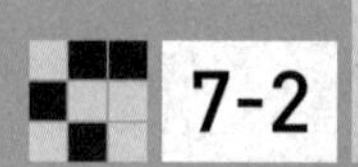

7-2 超高层建筑的电磁波阻挡解决方案
——会因地面数字广播的普及而成为过去吗？

在超高层建筑中有一些建筑表面呈现不可思议的曲线。东京新宿的东京希尔顿酒店（见下页照片）、东京纪尾井町的新大谷饭店等建筑物的外墙面曲线，不光是为了设计感，还为了防止电磁波阻挡。

从东京塔发射的电视信号等电磁波在碰到大的建筑物后被反射，信号到达不了该建筑物的内部。另外，碰到建筑物而被反射的电磁波与从东京塔直接传来的电磁波到达同一区域，两个电磁波到达就存在时间差，于是电视画面会出现重影，通常把这个叫作“鬼影”（二重或三重影像）（见下页图）。

像这样电磁波无法到达，或因时间差出现重影的现象，称为电磁波阻挡。电磁波阻挡所波及的范围叫作难视听区域。在发生电磁波阻挡的区域建造高层建筑时，在建筑的外墙设置曲面，使直线前进的电磁波因这个曲面产生乱反射，在某种程度上消除引起“鬼影”的原因。另外，还有在建筑外墙上使用吸收电磁波材料的方法。

但是，这些困扰即将成为过去。因为已经开始普及不受建筑物影响的卫星广播和有线电视以及地面数字广播。一直使用的模拟数字广播于 2011 年 7 月 24 日停止使用，完全被地面数字广播代替。地面数字广播因为不会发生“鬼影”，所以即使在以往的难视听区域人们也可以享受清晰的画面。

◀ 照片
外墙面呈曲线的东京希尔顿酒店

为了减少对电视电磁波的影响，墙面设计成曲面。

写真提供：BLUE STYLE COM
http://www.blue-style.com/

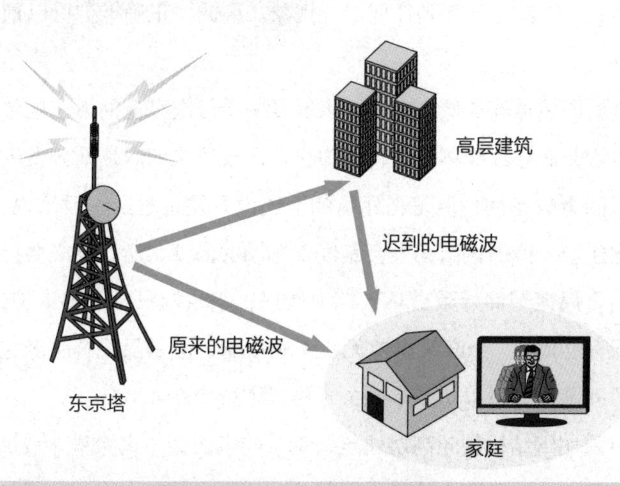

▲ 图　“鬼影”的形成

从东京塔发射出的电磁波遇到高层建筑后被反射，与原来的电磁波到达电视有时间差导致画面出现重影（双重或以上）的现象。

7-3 超高层建筑的寿命有多长？——结构可达 200~300 年

正确维护的话钢结构的寿命可超 200 年

钢结构建筑物，最早建于 19 世纪前半叶，到目前保存完好。但是，从建造到现在也只刚刚过了 200 年左右。因此，钢结构的寿命从实证意义上来说，能保证存在 200 年以上。

决定钢结构寿命的是老化问题，老化的原因是生锈和金属疲劳。1889 年诞生的法国埃菲尔铁塔，自诞生以来，进行了 17 次重新涂装，用以抵抗生锈，现在仍完好（照片 1）。东京塔也每 7 年进行一次重新涂装，现在所有的构件几乎看不到老化的痕迹。铆钉、螺钉也看不到任何老化现象。因此，正确维护可以预防生锈。

金属即使被施加低应力，如果反复一千万次以上的话，也会因金属疲劳而导致破坏。到目前为止，已有桥梁的焊接部分发生过类似的事故案例，但是在建筑物上还没有发生过。一般来说，建筑物建造主体的钢结构不会是经常振动的部件，所以没必要担心会因金属疲劳而导致破坏。综上所述，钢结构只要正确维护，可以保存 200 年。200 年以上无法正确预测，但是只要解决老化的根源问题，就可以达到半永久，可以维持 300~400 年。

只采用钢结构的超高层建筑，钢结构表面被防火涂料、装饰材料等覆盖。这种防火涂料也可起到防止雨水侵入的作用，但是这种防火涂料会先发生老化，老化后就会引起雨水侵入，因此钢结构超高层建筑的寿命是由防火涂料、装饰材料的寿命决定的。

▲ 照片 1　埃菲尔铁塔

1889 年诞生的法国埃菲尔铁塔，从建造之初至今进行了 17 次重新涂装。因此，没有发生生锈现象，现在仍完好。

一般的钢筋混凝土结构的寿命大约为 60 年

钢筋混凝土结构的历史还比较短，使用高强度混凝土的时间也不是很长，因此无法从实证上说寿命有多少年，预估最好的情况可达 100~150 年。钢筋混凝土老化的主要原因主要有中性化、发生龟裂而漏水导致的钢筋腐蚀等。所谓中性化，是指因大气中的二氧化碳所导致的混凝土的老化。混凝土的主要成分水泥是碱性的，因此与二氧化碳这种酸性物质发生反应后变成中性，于是钢筋的耐腐蚀性降低（见下图）。

据说钢筋混凝土结构的寿命是中性化波及钢筋表面之前 60 年。不过，针对耐久性而设计并充分进行品质管理后的钢筋混凝土结构，其构成的产品寿命应该能维持 100 年。现在我们也能听

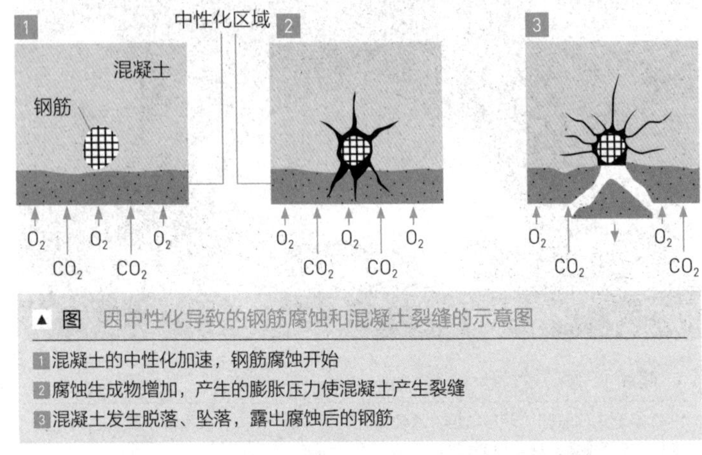

▲ 图　因中性化导致的钢筋腐蚀和混凝土裂缝的示意图

1 混凝土的中性化加速，钢筋腐蚀开始
2 腐蚀生成物增加，产生的膨胀压力使混凝土产生裂缝
3 混凝土发生脱落、坠落，露出腐蚀后的钢筋

参考:《混凝土实用手册》小林 一辅 / 著（岩波书店，1999 年）

到有的广告语说“寿命可达200年的建筑”，那可能描述的是在充分进行设计建造和维护保养基础上才有可能达到的寿命吧。

设备寿命短

与之相比设备的寿命顶多20~30年。本来厂家就不会制造长时间保证的设备，另一方面，拥有新功能的机械设备一个接一个被开发出来也是主要原因。而且在开发机械设备的同时，生活方式也在发生改变。经过了二三十年，设备就会落伍了。另外，超高层写字楼的寿命与其说看结构体本身，不如说要看能否适应商务环境的时代变迁。最近经常会听到“百年建筑”“百年住宅”之类的说法，如果真的能维持100~200年，那么，随着商务环境、居住环境的变化而变化的空间计划将会成为最重要的项目。

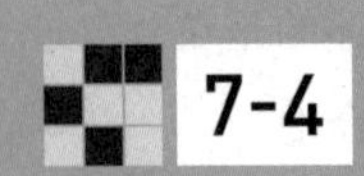

7-4 地震台风都无法破坏的建筑外立面
——应对变形的结构

建筑物在地震或强风时一定会发生摇晃（图 1）。但是低层的钢筋混凝土结构等建筑物整体相当坚固，因此变形量（层间位移）相对较少。与之相对，钢结构高层建筑物比较柔软，因此变形量在设计时就预测为相当大。现在日本实施的建筑基准法规定：

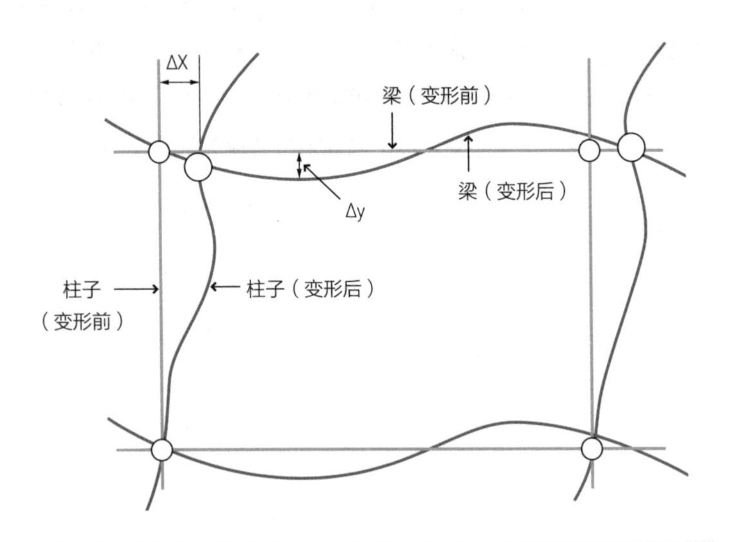

▲ **图 1** 什么是主体的层间位移?

所谓层间位移是指“变形了多少”。图中表示柱子发生水平方向变形、梁发生垂直方向变形。

“标准剪力系数 C_0=0.2 时，必须确认层间位移角为 1/200（当因地震荷载产生的层间位移角为 1/120 时，主要部分的变形不会导致建筑物发生显著损伤）以内。”

因此，我们必须认识到不特定的建筑物在地震时层间位移角为 1/200（1/120）时可能发生变形。这是以地震震度为 5 级算出的数值。为了进一步验证即使大地震也不会发生崩塌的“保有耐力”设计，设想更大的地震荷载（剪力系数 C_0=1.0）。这时设定的层间位移角甚至超过 1/100。

在设计这种建筑物的外装饰材料时，为了外装饰材料不被破坏，必须要研究这种外装饰材料的安装方法，使之能够满足 1/200 或 1/100 的层间位移量的要求。

在出现超高层建筑物之前，没有考虑过外装饰材料对主体结构变形的追随性。但是在地震时最可怕的是外装饰材料断裂、脱落掉到地面上。到目前为止，钢筋混凝土结构、钢混结构中，与混凝土同时浇筑的外装饰材料其本身对垂直荷载和水平荷载都有一定的承受力。但如果主体结构发生变形的话，外装饰材料还是会发生裂缝等破坏形式。只要不发生严重破坏就不至于到剥落的程度（用腻子固定在窗框上的玻璃有可能因无法顺势变形而破损、落下）。

随着“幕墙”的诞生，主体结构的层间位移角和外装饰材料的追随变形问题越来越明显。此后，人们开发出了将外装饰材料可靠安装到主体结构上的方法（图 2、3）。主要有如下两种方法。

1 滑动式（横档）

将外装饰材料的上部（或下部）固定在主体结构上，使下部（或上部）变形时可滑动（松动）的方式。

2 锁式

用五金件将外装饰材料以可稍微旋转的方式安装到主体结构上。

不管采用哪一种方式，都要在镶板中留有可以变形的“接缝”（图 4）。另外，用框架固定玻璃时在玻璃周围放入软质的“弹性玻璃胶”，使玻璃在框架内能够转动，即使发生大的变形，包含玻璃的外墙也不会剥落，现在的高层建筑多采用这种方式。

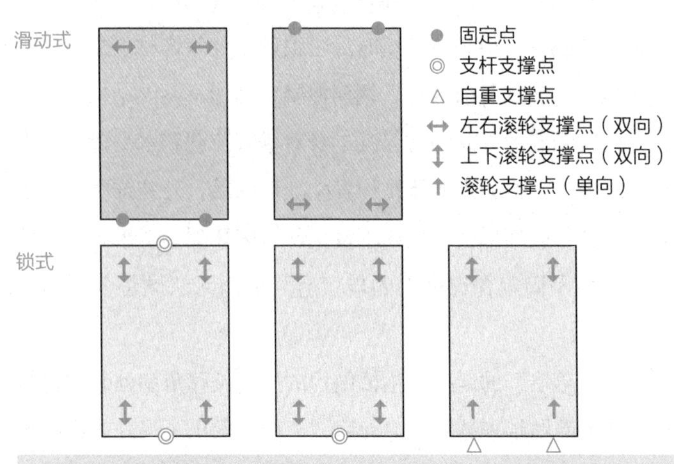

▲ **图 2** 镶板组合安装概念图

滑动式是固定上方或下方，让另一方向可滑动。锁式没有固定点，依靠旋转运动来避免变形。

参考：《JSSS14 幕墙施工》（日本建筑学会）

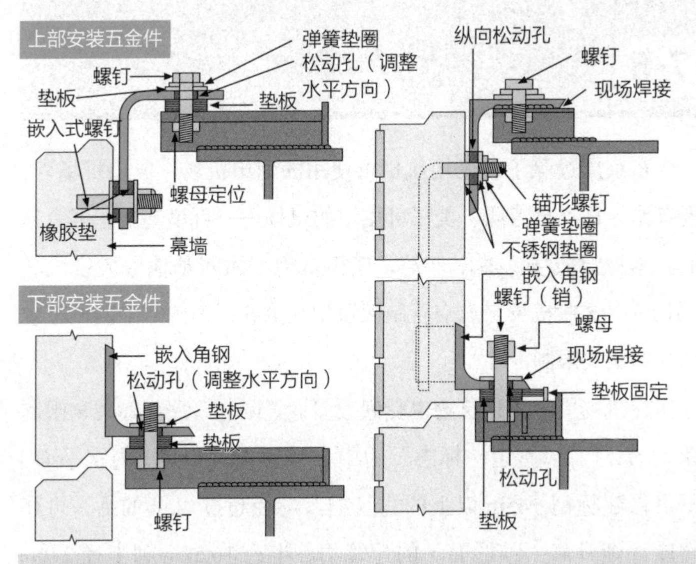

▲ 图 3　安装幕墙时五金件安装示例

左边为滑动式，下部没有弹簧垫圈，不会滑动。右边是锁式，螺母下的缝隙使垂直方向的变形成为可能。

参考：《JSSS14 幕墙施工》（日本建筑学会）

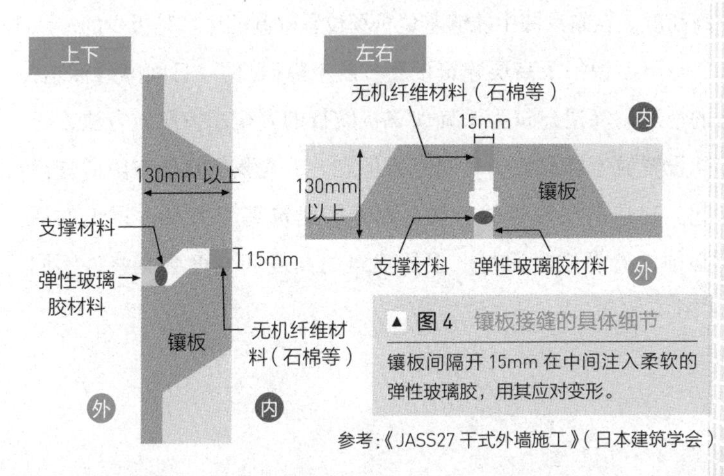

▲ 图 4　镶板接缝的具体细节

镶板间隔开 15mm 在中间注入柔软的弹性玻璃胶，用其应对变形。

参考：《JASS27 干式外墙施工》（日本建筑学会）

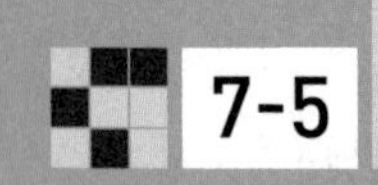

7-5 机场与超高层建筑的关系
——设置限制、航空障碍灯、日间障碍标志

东京周边除了有民用航班可使用的羽田机场、成田机场外，还有作为日本自卫队、美军可使用的机场——百里基地、下总基地、木更津机场、厚木基地、横田基地、入间基地等大量机场（图1）。这些机场与航空管制区域相互重叠，因此空中的城市规划受到很大限制。

在机场周边的建筑物也受到很多设置限制，比如障碍物限制面（图2）。以跑道“标志”为中心半径4km以内(内水平面)不可修建标高+45m以上的建筑物。半径超过4km的话，可建高度逐渐升高（锥形面）的建筑物。半径16.5km到半径24km内，最高可以建造标高+295m高度的建筑（外水平面）。

日本最高的横滨超高层建筑——横滨地标大厦的高度为296m，很遗憾这正是因为羽田机场的设置限制，是所能建的最高高度。在东京圈中能够避免机场设置限制的区域是极少的。

下面说一下高层建筑设置“航空障碍灯”“日间障碍标志”的情况。高层建筑为了确保飞机航行的安全，按照航空法，必须设置航空障碍灯、日间障碍标志。首先我们从航空障碍灯说起。建造高层建筑的时候，如高层建筑高度为60m以上的话必须设置航空障碍灯，根据建筑的高度和宽度会有些许不同（图3、4）。

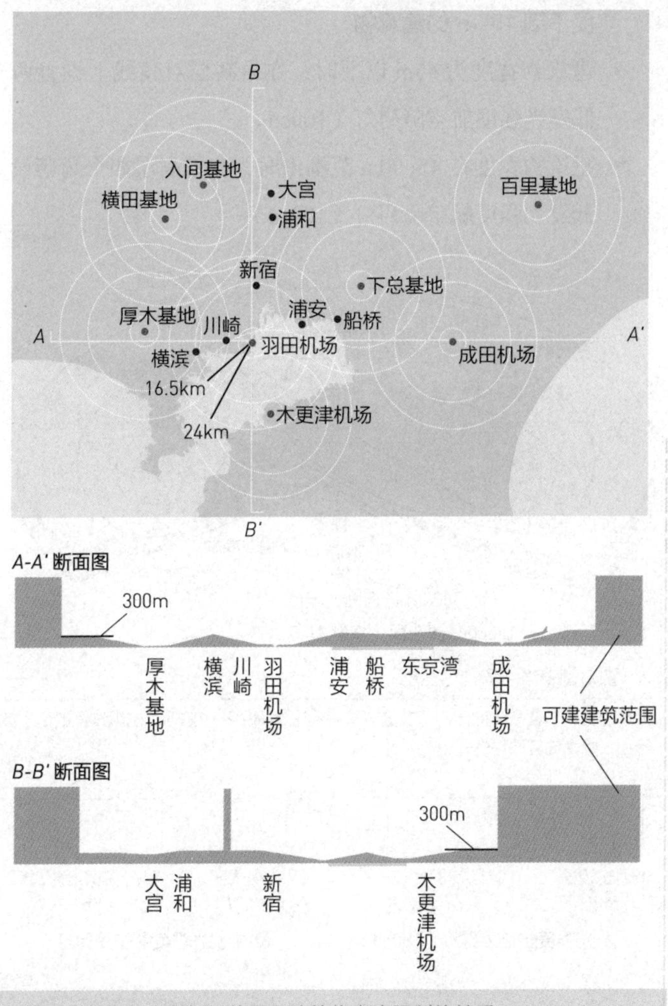

▲ **图 1**　东京圈主要机场位置和建筑物高度限制的关系

东京周边有很多机场，因管制区域重叠，能够建造超高层建筑的区域极为有限。东京都天空区域在 2005 年 4 月重新规定高度限制区域后才使建造高楼成为可能。

参考:《建造千米高大楼》尾岛俊雄（讲谈社）

高度不到 150m 的建筑物

- 建筑物宽度为 45m 以下时，在最高层对角线上设置两个低发光强度航空障碍灯（100cd）。
- 建筑物宽度在 45~90m 范围内时，在最高层四个角落设置低发光强度航空障碍灯（100cd）。

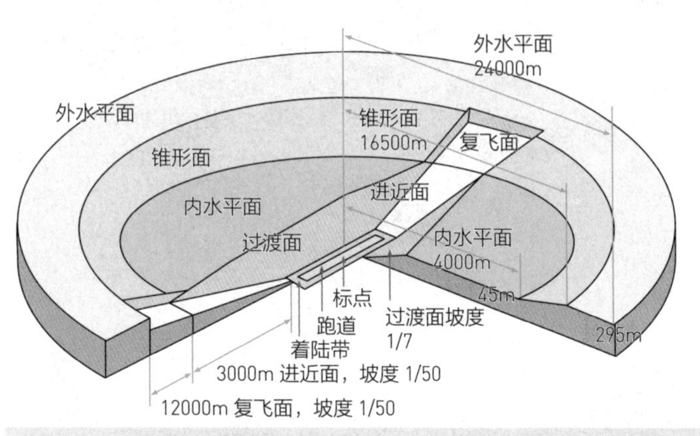

▲ 图 2 障碍物限制面

机场周围有各种各样的限制。在这些障碍物限制面上不可出现高出限制面的高层建筑物、植物或其他物体。

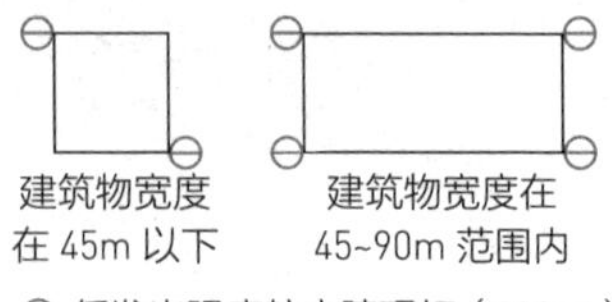

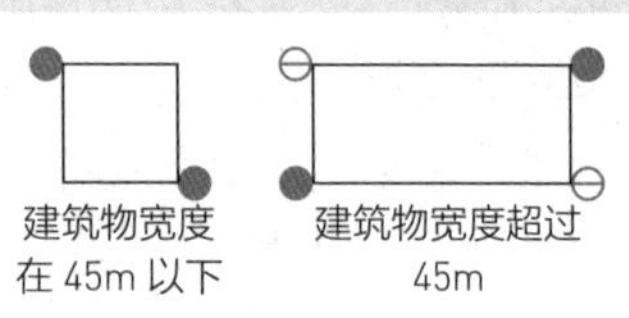

▲ 图 3 航空障碍灯的设置方法（高度不到 150m 的建筑物）

▲ 图 4 航空障碍灯的设置方法（高度 150m 以上的建筑物）

出处:《关于设置航空障碍灯 / 日间障碍标志的解说 · 实施要领》(国土交通省航空局航空灯火 · 电气技术室，2009 年 10 月)

出处:《关于设置航空障碍灯 / 日间障碍标志的解说 · 实施要领》(国土交通省航空局航空灯火 · 电气技术室，2009 年 10 月)

高度 150m 以上的建筑物

- 建筑物宽度在 45m 以下时，最高层对角线设置两个“中发光强度航空障碍灯”。
- 建筑物宽度超过 45m 时，在最高层一条对角线上安装设置两个低发光强度航空障碍灯（100cd），另一条对角线上安装两个“中发光强度航空障碍灯”。

另外，高度超过 150m 的建筑物，从顶楼向下到高度不足 150m 处，以 52.5m 以下几乎相等的间距交替安装低发光强度航空障碍灯（32cd）和低发光强度航空障碍灯（100cd）（图 5）。

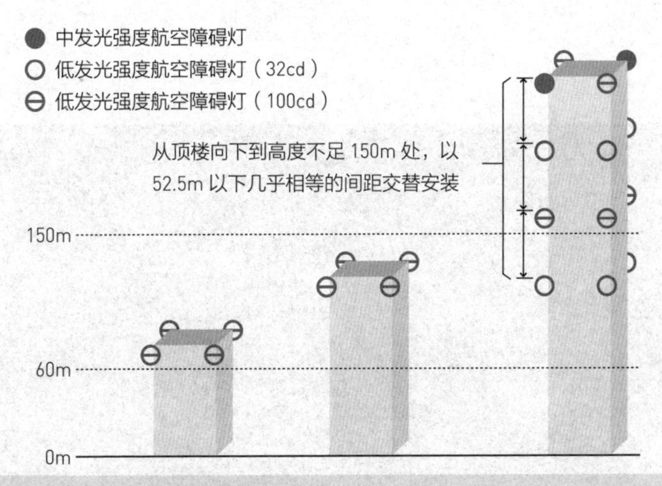

▲ 图 5　航空障碍灯设置间距

高度超过 150m 的建筑物，以 52.5m 以下几乎相等的间距交替安装。

出处：《关于设置航空障碍灯 / 日间障碍标志的解说 · 实施要领》（国土交通省航空局航空灯火 · 电气技术室，2009 年 10 月）

除此之外，几座高层建筑集中建造的时候，可以简化航空障碍灯的设置。

日间障碍标志是高度超过 60m 的烟囱、铁塔和具备框架结构的建筑物必须配置的。用喷涂、旗帜、标志物等来表示。最有名的例子是东京塔，其塔身交替喷涂的橙色（国际橙）和白色就是日间障碍标志。

第 8 章

未来超高层建筑科技

超高层建筑的建造和运维管理要求节能、节材、低碳的技术。

因此，要大力开发新材料、新施工方法，研究延长寿命和报废的措施等。

在本章中我们介绍一下建筑物延长寿命、利用地下空间、解体的现状和展望。

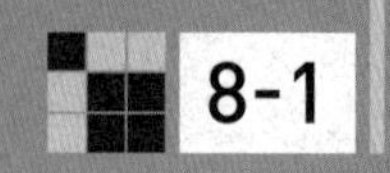

8-1 延长建筑寿命技术的发展
——保持光鲜亮丽、不会老化的大楼

建筑物的寿命有多少年呢？按照日本国家法律规定作为财产，使用寿命是 60 年。日本建筑物的平均使用寿命与先进国家相比较短，根据日本国土交通白皮书的数据看，建筑物平均使用寿命约为 30 年。这可能是日本木结构住宅多，日本人不太会几代人连续居住的国民性原因造成的吧。但是即使是木结构建筑，只要维护得当也可以保持数百年。

超高层建筑目前还不到 80 年历史，还没有出现报废和解体的先例。现在建造的超高层建筑将以能够持续使用 100 年以上为前提，结合提高结构材料的耐久性、防止非结构材料的老化、采用最前沿技术来进行设计和建造（图 1 和照片）。

建筑材料——钢筋、混凝土

型钢用于超高层建筑要追求其轻量化，正在研讨把型钢的抗拉强度从以往的 400N/mm² 或 490N/mm² 提高到 570N/mm² 以上。同时，也在研讨在建筑上应用高尔夫运动等使用的耐腐蚀性优秀的钛合金、耐火性能高的耐火钢等材料。

只是这些新材料价格高，节点连接技术还需要完善。不过从耐久性来说，只要钢材不因生锈而出现断面缺损的话就几乎没有问题。因此也在开展低价、有效的防锈技术、防腐蚀技术的研究。

混凝土经过长时间与空气中的二氧化碳发生化学作用，原本具有的碱性中性化，而钢筋混凝土内部的钢筋生锈，会导致作为建筑材料的寿命锐减。为了克服这个缺点，正在开发和使用通过

传统混凝土

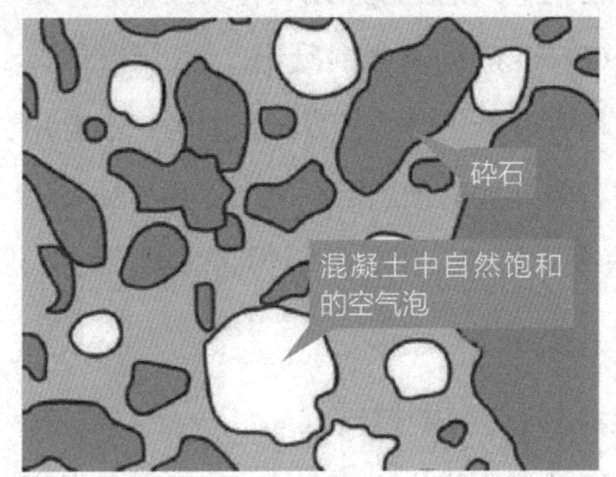

空气泡多

高性能混凝土

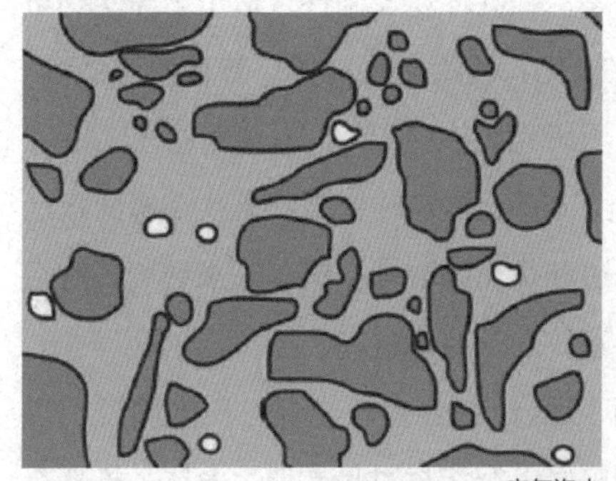

空气泡少

◀ 图 1 高性能混凝土的结构

也被称为 500 年混凝土。利用纳米技术使混凝土的组织致密化。通过减少二氧化碳的渗透量控制中性化和毛细管扩张力，从而减少干燥收缩。

图片提供：竹中工务店

◀ 照片 使用高性能混凝土的建筑

平城京朱雀门的底座部分使用了 500 年混凝土。

照片提供：竹中工务店

添加有机性混合剂延迟中性化来大幅度改善耐久性的技术。

另外，抗压强度为 100N/mm² 的高强混凝土，使用碳纤维、芳香族聚酰胺纤维的纤维增强混凝土等也开发出来。通过混合用高温熔解气化的纤维，改善强度大的预制混凝土板受热后易发生爆裂的性质，这个技术很令人期待。图 2 所示为高耐火（AFR）高强混凝土的不爆裂结构。

功能材料——光触媒材料、智能材料

功能材料是指具有特殊性能、附加价值高的材料。它能提高舒适性，适用于隔声、防震；提高环境控制性，适用于净化、防菌、电磁波环境；提高智能化，适用于感应器、各种控制系统，因此各个方面都在推进应用研究。

光触媒材料（图 3）已经有抗菌瓷砖、二氧化钛金属面板这些商品，来作为上下水周边和优质的装饰材料。未来利用其防污性有可能发展成为超高层建筑的外装饰材料。

智能材料已经开发了形状记忆合金、光纤、压电陶瓷、磁流体等，现在主要用于传感器。智能材料是指像生命体一样拥有自我感知（传感器）、判断（处理器）、行动（致动器）功能的聪明材料。作为具有各种功能的智能材料一族，在建筑中的应用正在逐渐扩大。已经有将形状记忆合金的电阻变化作为传感器使用，将光纤作为地震时建筑物的位移传感器的例子。

现在我们正在使用新材料建造各种建筑，人们正在收集各种数据，努力延长建筑物的寿命。

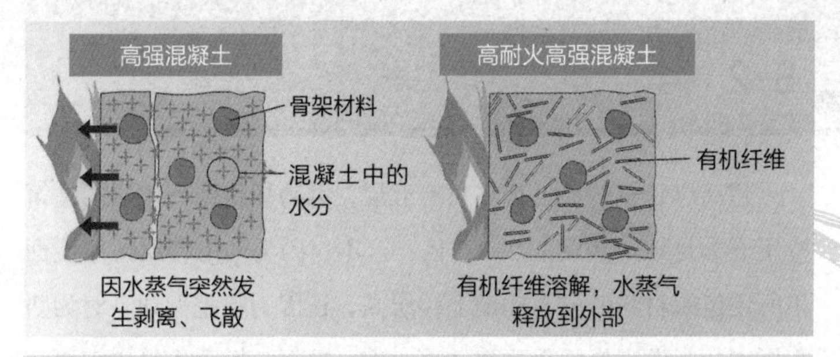

▲ **图2** 高耐火（AFR）高强混凝土的不爆裂结构

AFR是“Advanced Fire Resistant”的缩写。

图片提供：竹中工务店

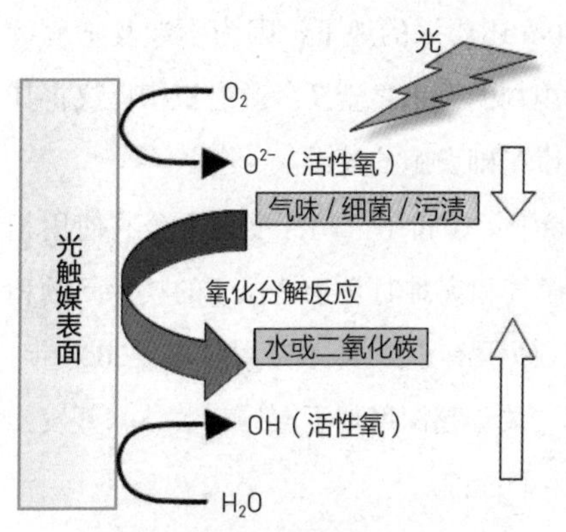

◀ **图3**

光触媒材料

当光接触到光触媒表面时，活性氧（O^{2-}）从氧气（O_2）中、活性氧（OH）从水（H_2O）中产生。这些活性氧将产生气味的有机物分解成水或二氧化碳。

图片提供：竹中工务店

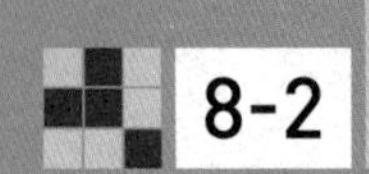

8-2 地下可以建到多少层
——因为成本高所以地下不会建得过深

超高层建筑的地下顶多只有五层，因为构筑地下楼层的建筑费用通常是地上楼层的 2~2.5 倍。这不仅因为地下楼层每单位面积所用建筑材料的成本比地上楼层高，还因为在挖掘地下时为防止周围的土发生崩塌需要建造挡土墙，挖掘、搬运土等也需要花费建造建筑物以外的费用。

20 世纪末，为了有效利用城市的高价土地，大力推进建筑物的高层化。同时，超深度地下的利用也引起了人们的关注。所谓超深度地下，是指比 40m 还要深的地下，因为不涉及土地所有权问题，所以从事城市规划的有识之士及各政府机构提议将其主要用于交通、能源等城市基础设施的建设。

但是，虽然日本在 2001 年颁布了“超深度地下公共使用相关特别措施法”，但是因换气和灾难时安全性保证的技术问题和建设成本问题无法解决，而没有进入实际应用阶段。2003 年，由日本国土交通省颁布了“关于超深度地下利用相关技术开发愿景”，使该课题越发摆在人们面前。

近年来，城市致力于在地面设置绿地，创造良好的生活空间，因此，不仅交通、能源等城市基础设施要转移到地下，美术馆、音乐厅、体育馆等以内部空间为主体的设施也正在研究将其转移到地下。

当然，只有将不特定多数使用者在灾害时如何避难等防灾问题、建设费的问题以及设施维护、管理、更新的问题解决了才能够真正实现超深度地下的利用。另外，前边所说的公共设施等即使在地下空间也是以浅深度地下为对象的。超深度地下还是主要作为之前研究的交通、能源等城市基础设施利用的空间。

下图是向地下挖掘 100m 的利用方案。根据该方案，到地下 60m 的 13 层作为民用区域，用于修建剧场、音乐厅、美术馆等文化设施，以及修建办公楼、商业设施等需要的地下街及停车场、机房等。地下 60m 以下的区域作为公共区域，用于设置变电所、储藏及配送中心、连接网络的设施等城市基础设施，也包括提供饮用水的蓄水池等。

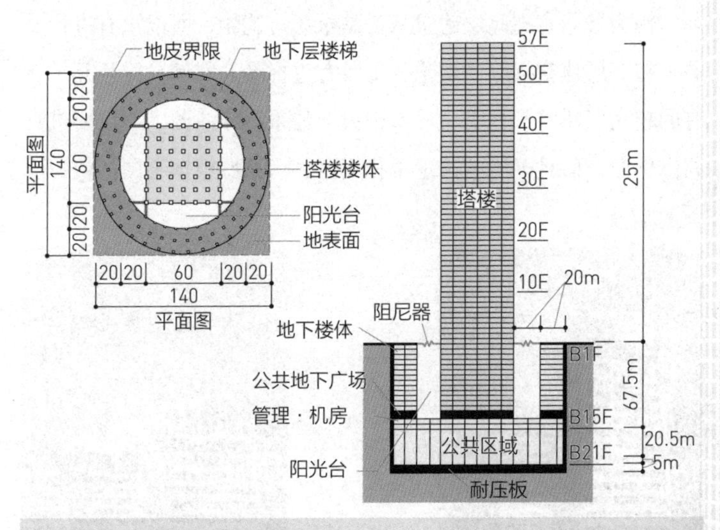

▲ 图 向地下挖掘 100m 的利用方案

向地下挖掘 100m。到地下 60m 的 13 层作为民用区域，地下 60m 以下的区域作为公共区域。

参考:『WG-3（技术及成本讨论会）报告』「新的地下利用」研究会

8-3 如何解体超高层建筑?

——可预见到各种各样困难的拆除施工

大量建楼、大量拆除的 20 世纪后半段，在城市中心也采用了铁球撞击、部分安装炸药等古老的楼体拆除方法，但是自那之后，因公害问题等使高层建筑物的解体问题变得不那么容易了。

位于市中心的低中层大楼的解体，需要在施工现场用防声板覆盖，将用车运送来的轧碎机、混凝土破碎机、履带式起重机搬运到屋顶，从最上层往下依次拆除。拆除后混凝土的处理也是一个大问题，因此正在开展二次利用的相关研究。

因为普遍将超高层建筑认为是永久构筑物，所以没有进行过关于超高层建筑拆除的讨论，也没有过拆除的实例。并且几乎所有的超高层建筑都屹立于城市中央，如果拆除的话，不仅要进行高空作业，而且拆除的体量也相当庞大。虽然根据不同的楼体可

以采取不同的拆除方法，但废弃物的处理仍存在很多难题。

一般情况下考虑的是逆着建筑顺序实施。但是与建造时不同，无法简单使用塔式起重机。因此如何将解体后的废弃物搬运到地面是很大的课题。即使使用电梯将零部件运到屋顶组装成小型起重机，这也是会让人晕倒的难题。

在中层建筑物拆除过程中因为减少了对周围的影响而引起关注的例子，是日本鹿岛建设的“切割下降施工法”（照片）。这种方法是将建筑物用千斤顶顶起形成临时支承状态，将一楼部分拆除，紧接着用千斤顶将楼体整体下降一层高度。反复同样工序，将楼体只通过地面作业安全进行拆除的施工方法，就好像抽积木游戏一样。当然事先也预想到了在拆除施工过程中发生地震时的对策，这是一种考虑到安全和环境的拆除施工法，适用于超高层建筑的拆除。在交通不便的地方建造超高层建筑，采用直升

◀▲ 照片　切割下降施工法

比起以往的从上层开始拆除的方法，该施工法可以控制噪声和粉尘，提高资源分类和回收作业。因减少了高空作业而增加了安全性。

照片提供：鹿岛建设

机或飞艇搬运物资的方法正在讨论中（一部分已经实施），将来超高层建筑拆除也会成为讨论的对象。

大家知道石原裕次郎主演的《富士山顶》这部电影吗？电影的背景是为了早期发现台风而在标高3776m的富士山顶建造“富士山雷达圆顶”的计划。将“富士山雷达圆顶”搬运到山顶的就是直升机。1999年，气象卫星登场，完成使命的雷达圆顶也是被直升机原封不动地搬运到山脚下的。这也可以成为参考吧。

第 9 章

世界各国超高层建筑纵览

最后，我们介绍一下世界上尤其引人注目的超高层建筑。

位于阿拉伯联合酋长国迪拜的哈利法塔，高度竟然达 828m。

未来在世界各国都会推进建造超高层建筑的计划吧。

陆续登场的超高层建筑
——从美国到亚洲，然后到中东

首先，我们来回顾一下超高层建筑的历史吧。从古代到近代的过程中，表示对高度向往的建筑物在世界各地建成（图 1）。巴别塔是传说中的建筑物，但是胡夫金字塔（古埃及：146m）、科隆大教堂（1248—1880 年，157m），还有很多哥特式教堂都展示了人们对高度的向往。另外，以家庭保险大楼（1885 年，55m）为代表，多座所谓的超高层建筑在被誉为超高层建筑发祥地的芝加哥建成。只是在高度争夺战中，芝加哥曾将宝座让给了纽约一段时间。

▼ 图 1　超高层建筑高度比较

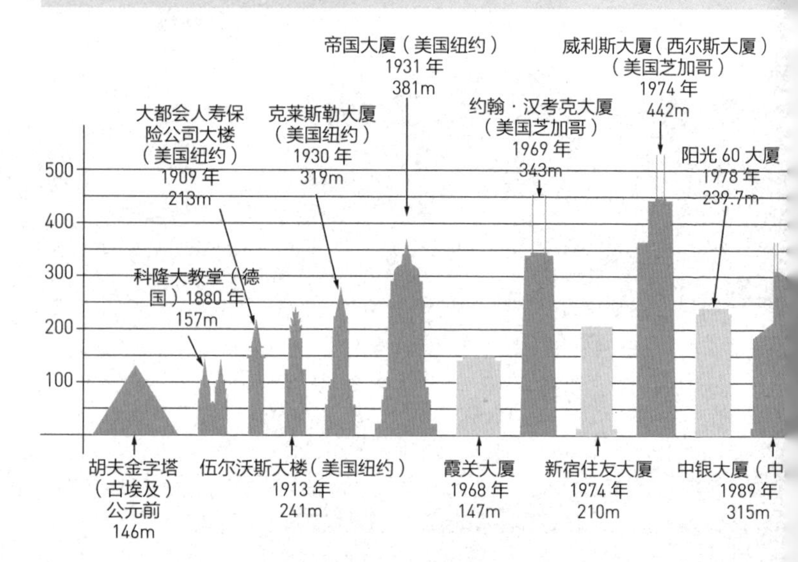

在纽约，熨斗大厦（1902 年，87m）、大都会人寿保险公司大楼（1909 年，213m）、伍尔沃斯大楼（1913 年，241m）、克莱斯勒大厦（1930 年，319m）、帝国大厦（1931 年，381m）、世贸中心大厦（1972 年，417m）相继建成。之后在芝加哥建成了西尔斯大厦（1974 年，442m）。在此期间，在芝加哥建起了许多超高层建筑。在建造的当时居世界第二位的约翰 · 汉考克大厦（1969 年，343m）也是其中之一。

高 442m 的西尔斯大厦在一段时间内被誉为世界第一高楼，但是进入 20 世纪 90 年代后，各国比赛似地建造超高层建筑，美国只得将世界第一的宝座拱手相让。1998 年在马来西亚吉隆坡

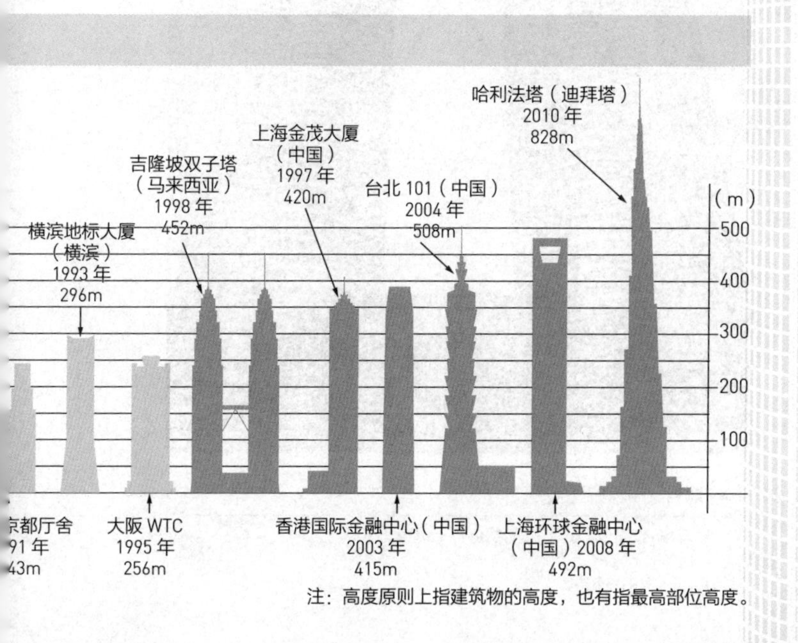

注：高度原则上指建筑物的高度，也有指最高部位高度。

建成的吉隆坡双子塔（照片 1）高 452m。2004 年在中国台湾省建造的台北 101 大厦高 508m（照片 2），在竣工的当时，不光在亚洲，在世界也成为最高楼。

▲ 照片 1　马来西亚的吉隆坡双子塔

1998 年落成的吉隆坡双子塔共 88 层，高度为 452m。

照片提供：吉田友和

▲ **照片 2**　中国台湾省的台北 101 大厦

2004 年建成，101 层，高 508m。

照片提供：吉田友和

世界第一高超高层建筑高度达 828m

现在被誉为世界第一高楼的是高 828m 的哈利法塔。建于阿拉伯联合酋长国迪拜，2010 年 1 月竣工。楼高不含塔尖的高度为 636m。到塔尖的高度达 828m。在 2010 年 4 月脱颖而出，成为世界第一超高层建筑。

进一步调查一下现在建设中的超高层建筑和计划建设的超高层建筑，会发现发生了十年前连想都不敢想的事。如 209 页表 1 所示，是中东地区计划、提案的超高层建筑。

在超高层建筑计划集中的迪拜，高度超过 400m 的建筑物（包含现在正在建设中的）达 10 座以上。300m 左右的建筑物也相当多。这些建筑物建成的话，将出现到目前为止谁都没有见过的云上摩天大楼。

而且，可转动的超高层建筑（迪拜旋转塔，420m）也在计划中。虽然是半信半疑，但一旦建成一定会成为一大看点。虽说如此，当今经济衰退也袭击了迪拜，导致计划中止、中断、等待开工。该项目到底能实现多少？大家拭目以待吧。

进一步纵观世界，虽然不像中东地区那么多，但在世界其他各地也在兴建不曾出现过的高度的建筑物。逼近哈利法塔高度的，如 209 页表 2 所示的建筑物正在建设中。不管哪一座都超过现在世界第二名的中国台湾省台北 101 大厦。可以预测在未来数年中，世界超高层建筑高度排行榜将发生大幅改变。

另外在 2009 年，稳居世界第一楼宝座 40 年、建于 1931 年的帝国大厦（381m）已经下滑到第 10 名。有一天帝国大厦的名字将从排行榜上消失，想想不禁让人感到些许落寞。但这正显示了社会的发展和技术的进步吧。

▼ 表 1　中东地区计划、提案的超高层建筑

建筑物名称	高度	状况	建造地点
Nakheel 港湾塔	1400m	计划	阿拉伯联合酋长国迪拜
丝绸之城	1001m	计划	科威特
王国大厦	1600m	计划	沙特阿拉伯
Murjan 塔	1022m	计划	巴林
迪拜城市大厦	2400m	提案	阿拉伯联合酋长国迪拜

▼ 表 2　全世界超高层建筑概览

建筑物名称	计划高度	预计竣工时间	建造地点
皇家钟楼酒店	591m	2010 年	沙特阿拉伯麦加
芝加哥螺旋塔	609m	2012 年①	美国芝加哥
世界贸易中心一号	541m	2013 年	美国纽约
仁川双塔	610m	2013 年	韩国仁川
多哈会议中心大厦	541m	2013 年①	卡塔尔多哈
Pentominium Tower	516m	2013 年①	阿拉伯联合酋长国迪拜
平安国际金融中心大厦	646m	2014 年	中国深圳
上海中心大厦	632m	2014 年	中国上海

① 已取消建造计划。

注：建筑物的预计竣工时间均与实际竣工时间有差异，部分建筑物计划高度和实际完成高度有差异。

作者简介

尾岛俊雄

1937年出生于日本富山县。1960年，早稻田大学第一理工学部建筑学专业毕业。1965年，修完早稻田大学理工学研究专业博士课程。1974年，就任早稻田大学理工学部教授。从2008年起，担任早稻田大学名誉教授。主要著作有《超高层建筑与未来城市》（白杨社）和《建造千米大厦》（讲谈社）等。

小林昌一

1936年出生于日本山梨县。1960年，早稻田大学第一理工学部建筑学专业毕业，同年，就职株式会社竹中工务店。1994年，担任该公司技术研究所所长。1998年，成为财团法人建设业振兴基金专职理事。从2004年起，成为早稻田大学理工学研究所客座研究员。2008年起，担任社团法人日本钢构造协会名誉会员。

小林绅也

1936年出生。1960年，早稻田大学第一理工学部建筑学专业毕业。同年，就职日建设计工务株式会社（现在的株式会社日建设计）。曾担任东京总公司构造部副部长、设计部长、理事东京总公司技师长，于2001年辞职。主要著作有《新建筑学系列25构造计划》（彰国社，合著）和《今后的抗震设计》（日本建筑构造技术者协会，合著）等。